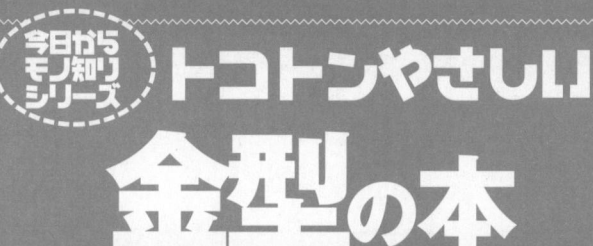

今日からモノ知りシリーズ

トコトンやさしい
金型の本

吉田弘美

生活に欠かせないモノを品質よく安くつくるためには、金型は欠かせません。金型なくしては、わたしたちは1日も生活できなくなっています。

B&Tブックス
日刊工業新聞社

はじめに

金型は現在の工業を支えている非常に重要なものです。本文でも詳しく述べてありますが、金型がなくては自動車も、テレビも作れません。

たとえ作れても値段は数十倍から数百倍になり、品質も不安定になると思われます。このように重要な金型ですが、一般の人が金型を知る機会は少なく、見たことがない人も大勢いると思います。学校でもほとんど教えておらず勉強をした人もほとんどいないでしょう。パソコンなどのように専門書は一般の本屋さんでも見かけず、個人で勉強をすることもないでしょう。

金型製作技術の向上には世界中の国々が力を入れていますが、日本は国や学校があまり熱心ではありません。このため日本の金型技術は大部分が中小企業を中心とする、企業の中で努力をして進歩をし、世界のトップレベルを維持してきています。

金型は需要先の産業を支えるだけでなく、金型とその技術も輸出されており、海外に指導に行っている人も大勢います。逆に日本に金型の勉強に来ている人もいます。

これまでの金型製作は、企業ごとのノウハウが多く、人も多くの経験と熟練を必要としていました。しかし現在はコンピュータを使った設計方法（CAD）や熟練した腕がなくても容易に加工できるNC（数値制御）工作機械およびCAM（コンピュータによる製

造）があります。これらを活用することで、コンピュータゲームやパソコンを使うのと同じように、金型の設計や加工ができるようになりました。もちろん女性の金型設計者や金型製作者も増えています。

金型の製作は一人ひとりの創造性を生かせること、モノづくりの面白さが溢れていること、これからも発展の余地が大きいこと、世界的に職業として優遇されていることなどさまざまな魅力があります。金型はこれからもさらに製品の高精度・高品質化、小型化と高性能化などのニーズに応えるように進歩と発展を続けることと思われます。

これを機会にぜひ金型に興味を持ってください。身の回りには金型で作ったものが溢れていると思います。

２００７年１月

吉田　弘美

トコトンやさしい **金型の本** 目次

第1章 いろいろな型と金型について

はじめに … 4

1 もしも金型がなかったら「現在の生活は金型があって成り立っている」… 10
2 金型以外のいろいろな「型」「身の回りのさまざまな型とその種類」… 12
3 金型とほかの型との違い「さまざまな型の材質とその用途」… 14
4 型を使うのはなぜ？「モノづくりの進歩と型の関わり」… 16
5 型と金型の歴史「古代文明の時代にも型はあった」… 18
6 たったひとつの製品を作るための型「製品をひとつ作ったら、壊してしまう型がある」… 20
7 金型で何ができるの？「金型は専門の工場で大活躍をしている」… 22
8 日本で最初に作られた多量生産用の金型「お金（硬貨）の作り方は、明治時代に変わった」… 24
9 製品素材の変化と金型「製品の材料が変わると型も変わる」… 26

第2章 金型ってどういうもの？

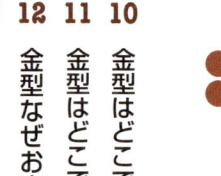

10 金型はどこでどのように作っているの？「金型はいろいろな会社で作られている」… 30
11 金型はどこで誰が使っているの？「部品を作る工場で、専用の機械に付けて使う」… 32
12 金型なぜお店で売っていないの？「金型を店で買う人はなく、店では売れない」… 34
13 金型を使うと精度の高いものができる「金型は製品の精度より高い精度で作る」… 36

第3章 金型の種類と特徴

14 自動車は金型でできている「自動車の部品で金型を使わないものは、非常に少ない」……38

15 電器・電子機器と金型「使用する部品の変化が激しい」……40

16 厨房機器および食器と金型「台所にはプレス加工品が多い」……42

17 文房具、雑貨などと金型「なぜ百円ショップの製品は、こんなに安いの」……44

18 船、鉄道車両、航空機などの輸送機と金型「航空機にも金型で作った製品が詰まっている」……46

19 金型の種類別の生産量と金額「金型は種類によって値段が大きく変わる」……48

20 金型製作者に必要な技術と技能「金型製作者はいろいろな専門の知識と経験が必要」……50

21 穴明けパンチを見ればプレス加工用金型が分かる「両方とも同じ原理と構造になっている」……54

22 ハンマーから進化した鍛造用金型「村の鍛冶屋は鍛造と鍛造型のルーツ」……56

23 鯛焼きとプラスチック成形型「鯛焼き用の型はプラスチック成形型に似ている」……58

24 ゴム風船と同じように膨らませて作る金型「入り口より奥が大きい容器を作る」……60

25 金型の経済性（金型を作ったほうが得かどうか）「金型を使う場合、金型製作費がかかる」……62

26 金型にはダイとモールドのグループがある「多くの工程と金型を使うダイと、一発成形のモールド」……64

27 プレス加工用金型の種類と特徴「プレス加工法には五種類の方法と金型がある」……66

28 プレス加工用金型の機能と構造「加工以外にもさまざまな役割がある」……68

29 プレス金型を使った製品の生産「プレス機械その他との共同作業で生産をする」……70

第4章 金型の製作工程

- 30 鍛造用金型の構造と特徴「鍛造用金型は、強くて頑丈」……72
- 31 プラスチック成形用金型の機能と構造「溶かした材料を金型の中に押し込んで成形する」……74
- 32 プラスチックの射出成形と金型「射出成形機と金型の共同作業で製品を作る」……76
- 33 ダイカストとダイカスト型「低い温度で溶ける金属材料を鋳造する」……78
- 34 ゴムの成形と金型「剛性ゴムを作るための装置と金型との役割」……80
- 35 金型ができるまでの工程「金型はそのつど設計し、多くの工程を経て作られる」……84
- 36 金型に使われている材料「金型に使われる材料は特殊鋼が多い」……86
- 37 金型を作るための機械「機械を作る機械」と言われる工作機械で加工をする」……88
- 38 市販されている金型用の部品「金型部品には購入して使うものが多くある」……90
- 39 金型を作るためのコンピュータシステム「設計にも機械加工にもコンピュータが使われている」……92

第5章 金型設計

- 40 金型の仕様の決定「金型は仕様に合わせて作られる」……96
- 41 金型設計の内容と手順「金型の種類とCADの使い方」……98
- 42 金型図面の書き方と見方「金型は投影法の三角法で書く」……100

6

第6章 金型部品の加工

- 43 コンピュータで図面を書く 「CADを使えば、製図道具は必要ない」 ... 102
- 44 CADで金型図面を書く例 「設計のポイントは、データベースの活用」 ... 104
- 45 組立図の作成 「平面図と断面図の表現の方法」 ... 106
- 46 プレス金型設計の事例 「平面図、断面図および部品表」 ... 108
- 47 プラスチック成形型の設計 「製品形状と材料の通路の組み合わせが重要」 ... 110
- 48 金型の機能を部品に展開する 「金型全体の機能はそれぞれの部品が担当する」 ... 112
- 49 金型部品の設計事例 「部品図は部品ごとに1枚ずつ作る」 ... 114

- 50 加工方法と金型部品 「使用する機械と刃物」 ... 118
- 51 金型部品の熱処理 「熱処理で鋼はたくましく変身する」 ... 120
- 52 金型部品の切削加工 「切削加工は刃物で少しずつ削る」 ... 122
- 53 マシニングセンタでの金型部品の加工 「マシニングセンタは金型加工の万能選手」 ... 124
- 54 金型部品の研削加工 「研削は砥石が刃物であり、これで削る」 ... 126
- 55 放電加工による金型部品の加工 「放電加工は小さな雷をくり返す」 ... 128
- 56 金型部品の加工工程① (平板部品) 「金型は平板の加工が多い」 ... 130
- 57 金型部品の加工工程② (小物ブロック状部品) 「小物部品は形状も加工内容もさまざま」 ... 132
- 58 金型部品の加工工程③ (円筒形の部品) 「円筒形の部品は標準部品が多い」 ... 134

第7章 金型の仕上げと組立、その他

59 経験と熟練の仕上げ作業「さまざまな作業の多くは手工具で行う」……138

60 宝石と金型はみがけば光る（みがき作業）「みがきで金型のできばえが大きく変わる」……140

61 金型の組立「組立は順序正しく、作業は正確に」……142

62 金型の組立に必要な工具「正規の工具を正しく使う」……144

63 組立中の調整および修正作業「調整と修正は最後の手段」……146

64 組み立てた金型の検査と確認「試し加工ができることの確認」……148

65 試し加工「金型に問題がないことを保証する」……150

66 金型の検収と納品「金型の完成と引き渡し」……152

【コラム】
- まだまだ型はある……28
- 金型は見えにくい……52
- 金型は種類で大きく変わる……82
- 金型作りは素晴らしい……94
- 金型設計とアナログ情報の壁……116
- 金型加工は道具で変わる……136
- 金型の何でも屋さん……154

参考文献……155

索引……158

第1章
いろいろな型と金型について

● 第1章　いろいろな型と金型について

1 もしも金型がなかったら

現在の生活は金型があって成り立っている

朝起きてから夜寝るまで、生まれてから死ぬまで、今の私たちは金型がなければ生きてゆけないと言えるほど、いつも金型のお世話になっています。毎日食べるお米や野菜も大部分が金型で作られた農業機械および器具で生産され、包装され、運搬されています。

電気、ガスおよび水道などは金型で作られたコンピュータ、その他の機器によって制御され、各家庭も金型で作られた機器を使っています。金型がなければ電灯、電気冷蔵庫、電子レンジ、テレビなどもなく、携帯電話、パソコンやゲーム機なども作ることができず、使うこともできません。

今では自動車がない家は珍しく、地方では一家に2～3台ある家も増えており、車がなければ通勤も買いものに行くにも困ってしまうところもあります。コンピュータで制御されている電車や、銀行も麻痺状態になってしまいます。

このように私たちは、それぞれの人が金型を直接使うのではなく、金型で作られたさまざまな工業製品を利用しているのです。

自動車の場合は1台に1万点以上の部品が使われており、大部分は金型を使って作られています。百円ショップの製品も、大部分は金型でできています。

逆に金型は現在の産業を陰で支える縁の下の力持ち的な存在であり、家庭電化製品、自動車その他の生産は金型があってはじめて可能になるのです。日本で作った自動車、電機製品などの工業製品が世界中で高い評価を受け、輸出ができる理由のひとつに、日本の金型技術が優れていることがあげられます。もちろん、金型そのものは欧米をはじめ、アジア諸国でも作られ、それぞれの国の産業の役に立っています。しかし、これほど重要な金型を一般の人が見ることはほとんどありません。

要点BOX
- ●金型は何に使われているか
- ●商品と金型の関係
- ●近代産業と金型の役割

現在の便利な生活は金型が支えている

電気製品　自動車　その他（玩具、文房具、容器、精密機など）

金型

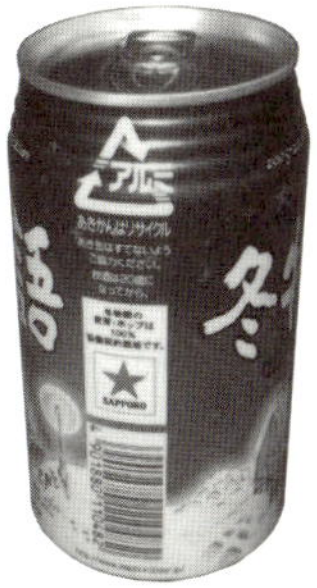

年間数十億缶もお世話になる飲料缶

金型がなかったら江戸時代にタイムスリップ

ローソク　かまど　荷車　徒歩

●第1章　いろいろな型と金型について

2 金型以外のいろいろな「型」

身の回りのさまざまな型とその種類

金型は昔から、いろいろなところで使われている「型」の一種です。金型は普段直接見ることもほとんどありませんが、その他の型は大昔から使われており、今でも毎日の生活の中で直接見たり使ったりしています。

型はひとつ作れれば、同じものを多量に速く、安く作ることができます。ですから同じものを多量に作りたい場合、まず型を作ってその形を製品に写します。これを転写と言います。

型から写し取った形状や文字は、型と逆になるため、型は希望する形状や模様の逆の形状に作ります。身近な型に印鑑があり、ひとつ文字が押せます。これを発展させたのが活字です。ご承知のように、何万冊でも印刷できますが千回でも同じ型に印鑑があり、ひとつ文字が押せます。

料理用器具では、さまざまな形のクッキーや野菜などを花や動物などのさまざまな形に切り抜くな

ど、多くの型が使われています。バレンタインデーにプレゼントするためのチョコレートも、ハート形の型に流し込んでいるようです。

冷蔵庫で小さな氷を作る製氷皿も型の一種です。文房具では紙に穴をあけるパンチ、書類を閉じるホッチキスなども型の一種です。

専門の業者が昔から使っている木型は昔から木製の型で、達磨、人形、和菓子、靴などを作っています。金属製ではおなじみの人形焼き、鯛焼きも型の中に溶かした小麦粉その他を流し込み、形を作っています。

紙製の型は昔から足袋、衣服の縫製、はた織り、染色などに使われていました。変わった型では砂型があります。これは砂を固めて型を作り、この中に溶けた金属を流し込み、冷えて固まったら型を壊して取り出します。このようなさまざまな型が進化し、最も進歩したものが金型だと言えます。

要点BOX
- ●型とは何か
- ●個人で使ういろいろな型
- ●専門家が使ういろいろな型

印鑑は何回押しても同じに写せる

調理用の型による切り抜き

型にチョコレートを流して固める　　### 針を型で折り曲げるホッチキス

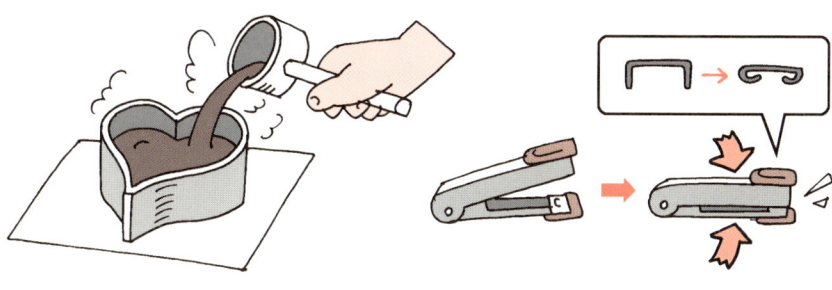

●第1章 いろいろな型と金型について

3 金型とほかの型との違い

さまざまな型の材質とその用途

金型も型の一種ですが、ほかの型とは違う次のような特徴があります。

① 材質が鉄でできている

一部に例外もありますが、金型は主として鉄、それも特殊鋼が使われています。鋼を刃物や工具に使う場合は、焼入れをすると硬く摩耗しにくくなります。

特殊鋼は鋼にさらにさまざまな元素を加えて強くしてあります。このため石、木、紙などで作ったほかの型より、摩耗しにくく、壊れにくいものができます。

② 専門の工場と専門の機械で作られ、使われる

金型は高度な専門知識を持った人と高精度な機械を備えた専門の工場で作られています。また金型は専門の工場で、専門の機械に取り付けて使用されています。

プレス用金型はプレス機械に取り付け、プラスチック用の成形型はプラスチック成形機に取り付けられます。

③ 高精度・高機能で工業製品に使われる

作られる製品の材料は、金属、プラスチック、ガラスおよびゴムなどであり、工業製品の部品を作ります。また、単に形を作るだけでなく、材料の挿入および移動、製品およびスクラップの排出などの機能を持っています。

これらの機能を果たすため、金型の構造は複雑であり、作るのが難しい理由のひとつです。

④ 専門の工場で作られる

金型を作るには多くの専門知識と経験などが必要であり、専門の工場で、専門の人が設計、製作をしています。金型の加工は、工作機械と呼ばれる高精度な機械で加工されます。最近はCAD/CAM、その他のコンピュータシステムが使われており、設計および加工などが行われています。

要点BOX
- ●型に使われる材質の違い
- ●金型とほかの型で作られるもの
- ●型の構造の違い

プラスチック成形型の製品取り出し機構の例

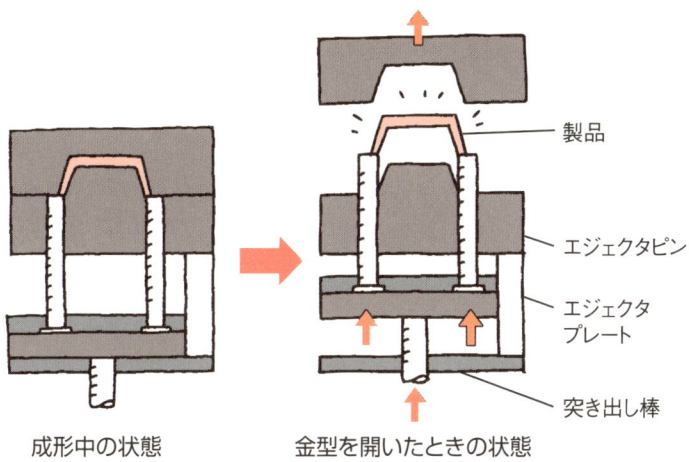

製品
エジェクタピン
エジェクタプレート
突き出し棒

成形中の状態　　金型を開いたときの状態

機械に組み込まれた金型の例

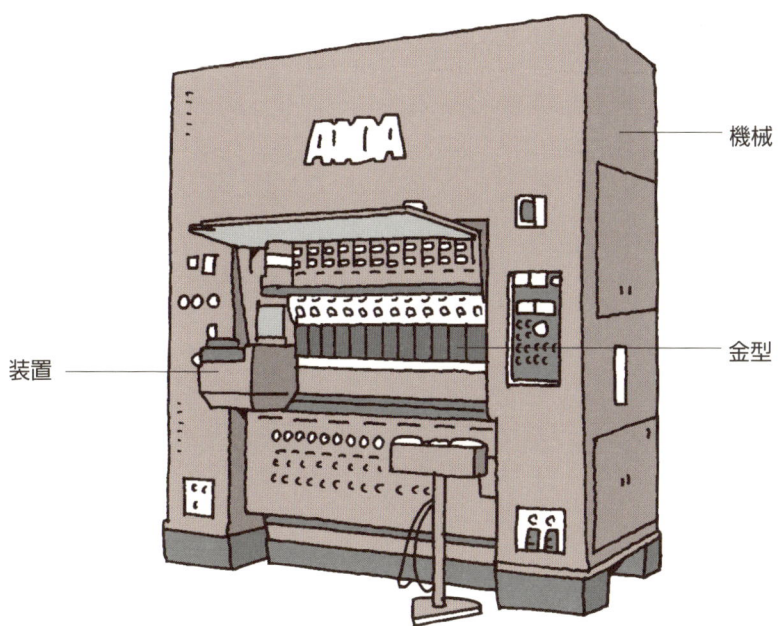

機械
金型
装置

用語解説

CAD/CAM：コンピュータを活用した設計（CAD）とコンピュータを活用した製作（CAM）を一本化した総合的なシステムであり、金型製作では設計と一緒にNC工作機械用のデータを作ります

● 第1章　いろいろな型と金型について

4 型を使うのはなぜ？

モノづくりの進歩と型の関わり

人は古代文明の発祥とともに型を使ってきました。なぜ、人は型を作り、使うのでしょうか。型は何がよいのでしょうか。

① 同じものが速くできる
一度型を作ると、それを写すだけで非常に速くできます。複雑になるほどその効果は大きくなります。

② 正確でばらつきがない
型から写し取ったものは、個々の差が少ない。印鑑は同じであることの証明に使われているほどです。

金型で作った製品は差が少ないので互換性があり、別々に作った部品でも組み合わせられ、部品の交換も容易です。

③ 使う人は高度な熟練が不要
型を使う作業は、専門の高度な技術がいらず、大勢の人が簡単に使え、しかも使う人の差はわずかです。

④ 時間が経っても、人が替わっても変わらない
同じものを作る場合でも、人が替わると忘れたり、間違えたりで年月が経ったり、人が替わると内容が少しずつ変わってしまいます。型を使うと、このようなことはありません。江戸時代に作られた着物の型紙やお菓子の型を使って今でも同じものが作れるほどです。

⑤ 失敗が少なく、材料などにムダが少ない
手でひとつずつ作っていると、失敗する場合があります。特に不器用な人が作ると不良品が多くなります。しかし、金型で作るのは簡単なので、失敗が少なく材料などのムダを少なくすることができます。

また、買う人にとっても当たりはずれが少なく、安心して買うことができます。しかし、型を作るには高い技術と時間が必要であり、生産数が少ないものを作るには向いていません。

要点BOX
- ●型の特徴と利用の方法
- ●同じものがたくさんできる効果
- ●型を使うと簡単にできる

型を使うメリット

ひとつずつ別に作ると
形状や大きさが揃わない

型を使うと
形や大きさが変わらない

型を使わないと加工に高度な技能が必要

型で作った土鈴

用語解説

互換性：同じ種類の部品または製品を、ほかのものと変えても同じように使えること。ねじ、電池、コンセント、ビデオテープなどは同じ種類の中で互換性があります

5 型と金型の歴史

古代文明の時代にも型はあった

今から四千年以上前のメソポタミアでは、円筒印章が使われていました。これは石（水晶、蛇紋石その他）の円筒側面に模様を彫り込み、軟らかな粘土の上に押しつけながら転がし、模様を浮き上がらせて固めたものです。

円筒印章は高精度な模様を正確に、しかも多量に転写する「型」の代表的なものであり、現在でも通用する判子の見本です。紙がなかった時代、正確に形状や文字を転写し、偽物と区別するには粘土が最適だったのです。

日本では縄文時代の土器に付けた縄の模様も、縄を型（モデル）として粘土に写したものと思われます。現在の判子（印鑑）は、紙が発明されてはじめて使えるようになりました。また中国では千四百年程度前の唐の時代に作られた小麦粉を練って型で固めたお菓子などがあります。

金属では銅鐸、銅矛があり、大陸から輸入された

と思われる銅製の鏡が有名です。さらに寛永通宝などの銅製の硬貨が多量に作られ、使われていました。金属を成形するのは砂型であり、1回ごとに作る必要がありますが、砂型を作るのにも型を使っていました。

現在の十円、百円などの硬貨はプレス加工品であり、プレス金型で高精度のものが多量に作られています。銭形平次が投げていたのは鋳造品ですが、これでは精度が悪くて自動販売機では使えないでしょう。

自動車は当初1台ずつ手作りに近い方法で作られていました。それを標準化と分業で多量生産可能にしたT型フォードから金型が大活躍するようになり、現在に至っています。

日本ではおもちゃ、文房具、雑貨などにわずかに使われていた金型が、テレビその他の家庭電化製品、その後のマイカーブームで急成長をしました。

要点BOX
- 粘土に写す立体的な印鑑
- 型の原形は千年以上前にあった
- 型は商品を爆発的に普及させる

古代メソポタミアの円筒印章

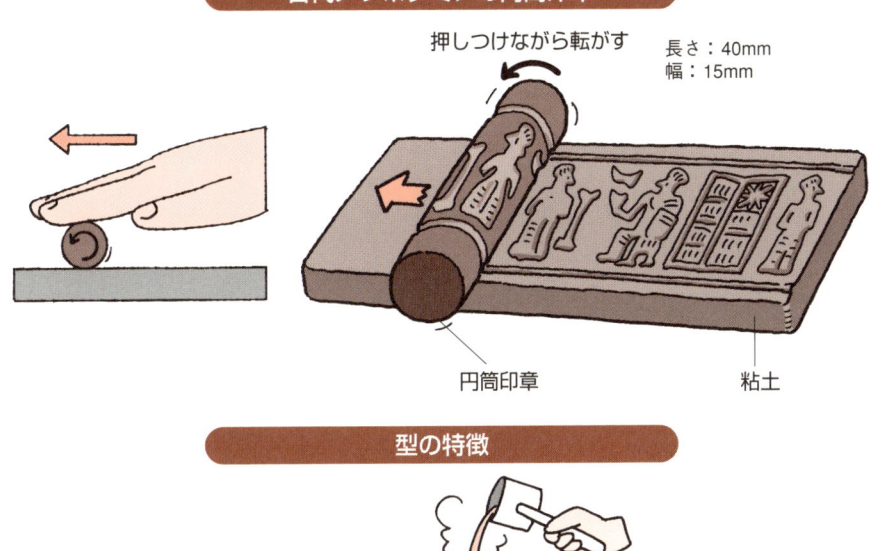

押しつけながら転がす

長さ：40mm
幅：15mm

円筒印章　　粘土

型の特徴

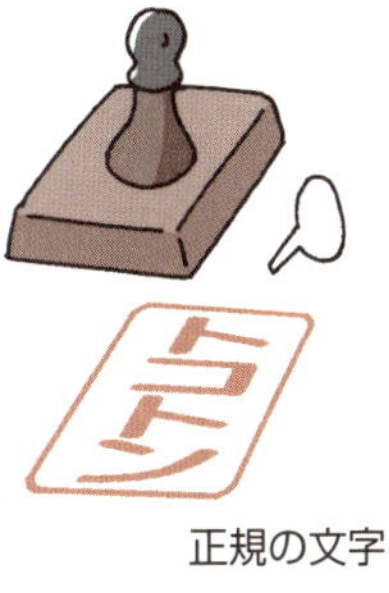

凹んだ型　　型へ流し込む　　凸状の製品

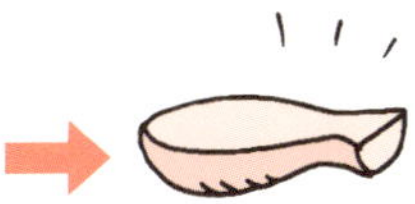

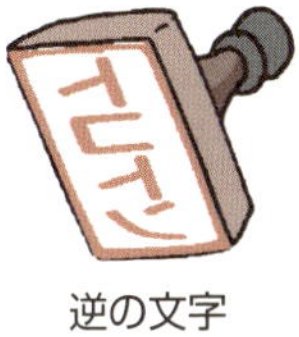

逆の文字　　正規の文字

1919年製T型フォード

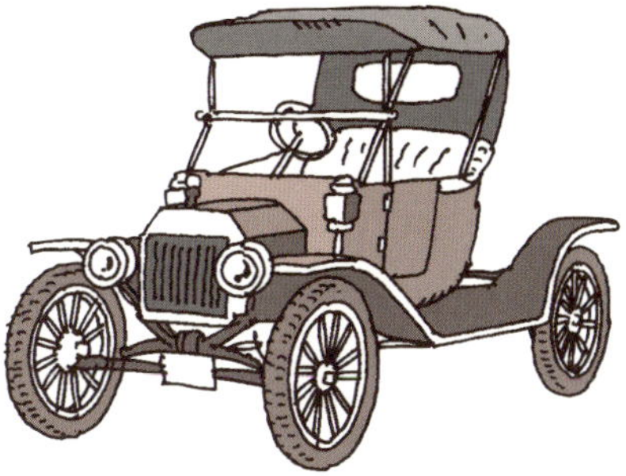

型で作ったお菓子

●第1章　いろいろな型と金型について

6 たったひとつの製品を作るための型

製品をひとつ作ったら、壊してしまう型がある

型を使う目的は同じものを多量に、速く、安く作ることです。しかし、製品をひとつだけ作って終わりの型があります。それは砂や粘土を固めて作った「砂型」と呼ばれるものです。

砂や粘土製の型は、溶かした金属を流し込み、冷やして固まった製品は、型を壊して取り出します。砂や粘土は金属が溶ける温度でも形を保つため、昔から青銅の製品を作るのに多く使われてきました。

砂や粘土の型を作るには、次の2つの方法があります。

① 軟らかい粘土や砂を直接加工して型を作る。
② 木、石膏その他でモデルを作り、これを軟らかな砂や粘土の中に入れ、固めた後に型を分割して取り出す。

大きなものでは奈良や鎌倉の大仏があり、下から何段にも分けて型を積み重ね、溶かした金属を流し込みながら徐々に頭の上まで作っていきました。

この方法で多くの製品を作るには、製品の数と同じ多量の型が必要になります。このような場合は、木などでモデルを作り、これを分割できる砂型に埋め、取り出した後に型を組み立て、中の空洞の部分に金属を流し込んで作ります。

自動車用の鉄製のエンジン本体、工作機械の本体などは砂型を使った鋳造で作られています。

ひとつのみの砂型を作る場合のモデルとして最近広く使われるようになっているのが、魚屋さんなどで見かける発泡スチロールです。発泡スチロールのモデルは砂型に埋めたまま、溶かした鉄を流し込むと、その熱で溶けて蒸発し、ほとんどなくなってしまいます。このため砂型を作ってからこれを分割し、モデルを取り出す必要がありません。自動車のボディを成形する大きな金型などはこの方法で作られています。

要点BOX
● 型を作っても作る製品はひとつだけ
● 崩れやすい砂で型を作る
● 発泡スチロールで型を作る

鎌倉の大仏も型を使った鋳造製

よく見ると型のつなぎ目が見える

鋳造の工程

製品

金属を流すための穴用モデル

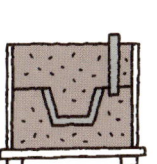

1 モデルを砂の中に埋める

製品用モデル

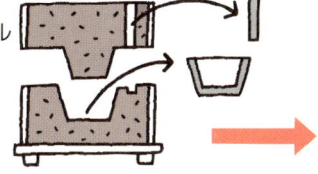

2 砂型を上下に分け、モデルを取り出す。溶けた金属が流れる空間を作る

空になった部分

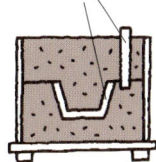

3 空になった砂型を組み立てる

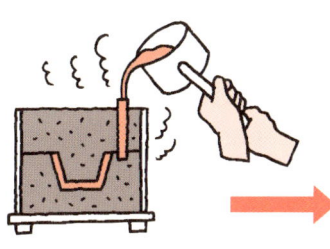

4 溶けた金属を流し込む

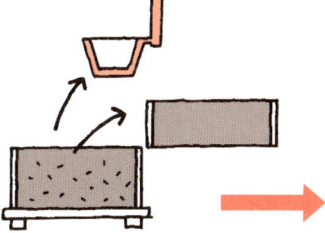

5 金属が冷えて固まったら砂型を分解して製品を取り出す

6 切り離しと仕上げ

発泡スチロールをモデルとする鋳造

発泡スチロール → 削って形を作る → 砂に埋める → 溶けた金属を流し込む 発泡スチロールは蒸発してなくなる → 冷やして取

7 金型で何ができるの？

金型は工場の中で高精度な部品を多量に作る場合に使います。したがって金型を単独で使うことはなく、機械に取り付けて使用します。金型の主な特徴は次のとおりです。

① 多量生産が可能
大部分の金型は、特殊鋼と呼ばれる摩耗しにくい材料でできており、非常に多くの製品を精度の高いものができます。

② 精度が高い
機械を作る機械と呼ばれる工作機械で加工するため精度が高く、作られる製品も精度の高いものができます。

③ 機械に付けて生産する
金型は機械に付けて使うことで持っている力を十分に発揮し、多量生産とコストダウンを実現します。

④ 自動化が可能
金型を使用する最近の機械は、大部分が自動化さ れており、生産に従事する人は少なくて済みます。

⑤ 高速加工が可能
製品を成形する時間が短いため、高速で加工することが容易です。プレス加工では1分間に1000個以上生産できるものもあります。

現在の金型は、この多量生産、高精度、自動加工および高速化を極限まで追求し、多くの工業製品の生産に役立っています。

携帯電話、パソコン、AV機器およびカメラなどを見ても小型高性能化が進んでおり、自動車も小型化と高性能化が進んでいます。これらを可能にした背景には、金型製作技術の進歩があります。

今後も小型化、高性能化、コストダウンなどの要求は高まる一方です。

金型は今後もさらにこれらの特徴を発展させ、新しい製品への挑戦が続いていきます。

金型は専門の工場で大活躍をしている

要点BOX
- 金型は特殊鋼で作られる
- 金型は専用の機械で使う
- 製品を非常に早く作れる

切削加工とプレス加工の違い

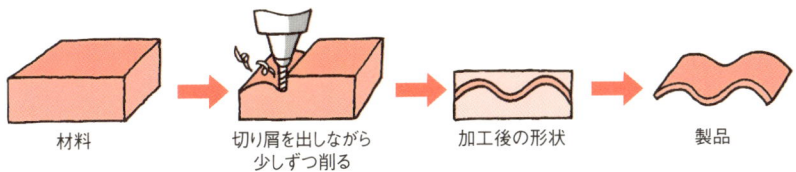

切削で形状を作る場合非常に時間がかかる

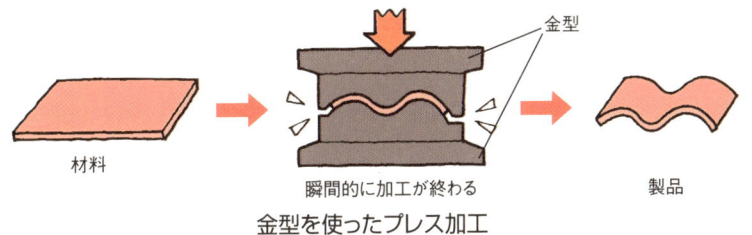

金型を使ったプレス加工

プレス加工のメリット

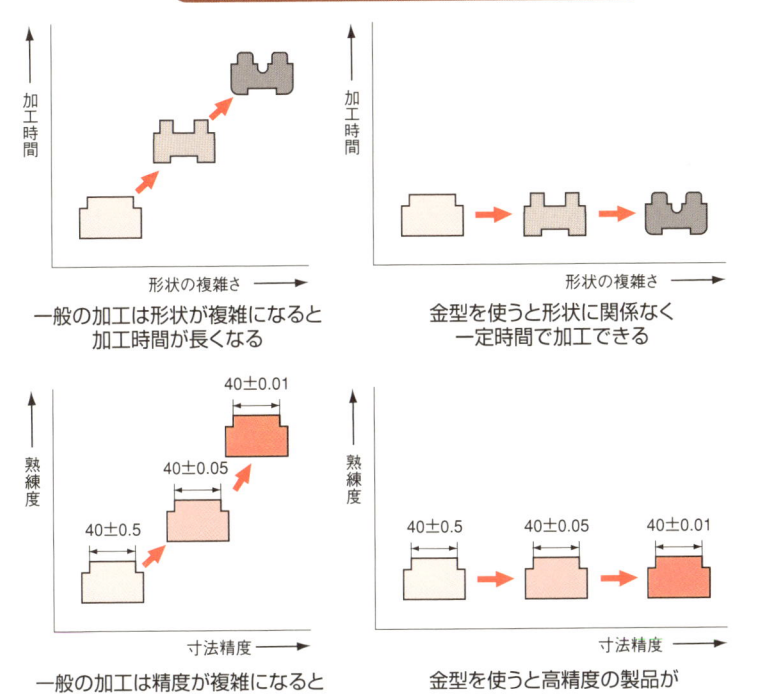

一般の加工は形状が複雑になると加工時間が長くなる

金型を使うと形状に関係なく一定時間で加工できる

一般の加工は精度が複雑になると急速に難しくなる

金型を使うと高精度の製品が容易にできる

● 第1章　いろいろな型と金型について

8 日本で最初に作られた多量生産用の金型

お金（硬貨）の作り方は、明治時代に変わった

クイズを出すので考えてみてください。日本で最初に作られた多量生産用の金型と製品は何でしょうか。その製品は今でも、世界中で多量に作られています。それは硬貨（コイン）です。

日本では明治時代の初期、イギリス製の中古のプレス機械を香港から購入し、硬貨の生産をはじめました。今でも「桜の通り抜け」で有名な大阪造幣局の玄関脇にこの機械が飾ってあります。

それ以前の幕末までは、硬貨は鋳造されていました。金属を溶かして、砂型の中に流し込む鋳造は、生産性が低く、表面がざらざらしているほか、厚さの精度もよくありません。そのうえ外形や穴にあるバリを取るのが大変でした。

日本で古い時代に鋳造したのは和同開珎（わどうかいちん、わどうかいほう）で、奈良時代以降広く使われていました。

金型とプレス機械で作ると、精度の高いものを早く多量に安く生産することができ、現在では世界のすべての国でプレス加工で作られています。金型とプレス加工で作られた硬貨が使われています。金型とプレス加工で作られた硬貨は、材質もさまざまなものが使用でき、大きさ、厚さおよび重さも非常に正確です。

鋳造で作った硬貨は自動販売機では使うことはできません。それだけに自動販売機は作られることもなかったでしょう。

硬貨に絵や文字を成形する金型は、何十年も使われ、何億、何十億個も硬貨を作ることができますが、金型の摩耗によって模様や文字がぼやけてしまいます。このため、硬貨を作る金型を、多量に作る必要があり、一元になる金型（マスターダイ）から転写をして生産用の金型をたくさん作っています。このために金型を交換しても全く同じ硬貨ができるのです。

要点BOX
- ●硬貨の作り方は鋳造からプレス加工へ
- ●自動販売機の登場は金型のおかげ
- ●同じ金型をたくさん作る方法

鋳造製の硬貨

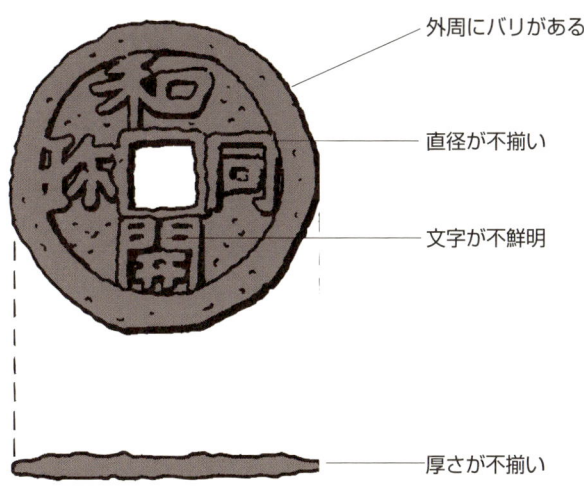

- 外周にバリがある
- 直径が不揃い
- 文字が不鮮明
- 厚さが不揃い

硬貨の金型と硬貨の例

用語解説

和同開珎：長い間、日本で最初に使われた硬貨と思われていましたが、つい最近さらに古いと思われる硬貨が見つかっています

9 製品素材の変化と金型

製品の材料が変わると型も変わる

工業製品の進化は素材の進化でもあり、素材によって製品の製作方法も大きく変わります。金属やプラスチックが普及していなかった昔は、自然にある素材を加工して製品を作っていました。大昔は石や土（土器）、植物（木材および繊維）などです。

これらを材料とする製品の大部分は、ひとつずつ手作りに近い方法で作られていました。このため、高精度・多量生産を目的とする金型はほとんど使われていませんでした。

金属が使われるようになった始めの頃は、溶ける温度が低い青銅が中心であり、高温で作る鉄の普及はその後です。また、金属を金型で加工するには、非常に大きな力を必要とし、蒸気機関が発明される産業革命以前は、金型というより特殊な手工具として用いられる程度でした。金属を何回もたたいて徐々に延ばして、容器状の

製品を作る方法は、数千年前から行われてきました。エジプトのツタンカーメンなどの黄金製の仮面も、金を何回もたたいて薄く延ばすとともに、形を作っていました。

初期の自転車や自動車も、このたたき板金という手作りの方法で作られていました。今でも現物に合わせてひとつずつ異なるものを作っています。建築やプラント、試作品などはこの方法で作られるものがあります。

この方法は熟練した職人の腕と多くの時間をかければ、芸術品に近い製品ができます。事実、金型で多量に作られる前は自転車も自動車もその他の製品も、贅沢な貴重品でした。

プラスチックは金属の後に生まれた素材であり、金属用の金型が普及していたため、始めから金型で加工されています。

要点BOX
- 石や木は金型で加工できない
- 製品は金型で加工できる材料に変わっていく
- 昔は金属を何回もたたいて作っていた

黄金のマスク

厚さ0.6mmの金をたたいて成形した手加工の黄金のマスク（古代エジプト）

金属加工の進歩

金属を溶かして砂型へ流し込む鋳造　／　ハンマーでたたいて成形する鍛造　／　金型でのプレス加工

製品素材の変化

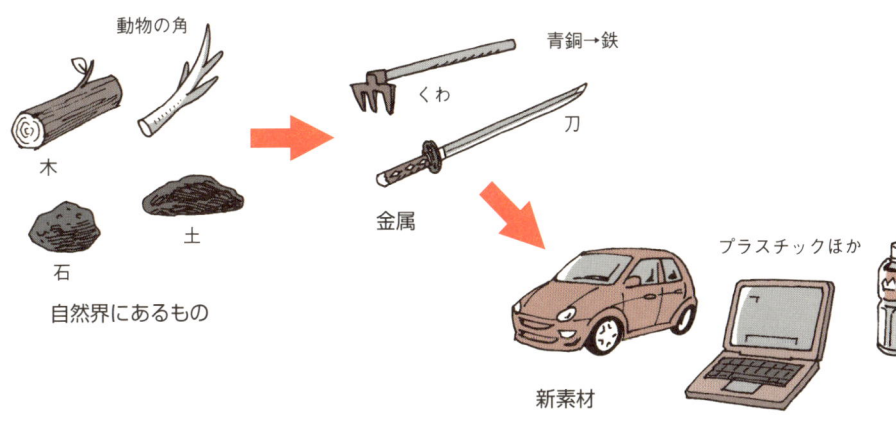

Column

まだまだ型はある

型という語を広辞苑などの辞書で調べると、「個々のものの形を生ずる元になるもの」が語源のようです。この場合の個々のものには、実際の「物」そのものと形を表現する動作や言葉などの2つがあるようです。

「物」としての型には、紙型、木型、砂型および金型などがあります。物ではない型には伝統、習慣、作法などがあり、武道、芸能およびスポーツなどで模範になる方式、決まった形式および パターンがあります。

歌やその歌い方にも独特の型があります。師匠やコーチがうるさくいうのは、この型のことです。このように考えると、型は形や約束事を変えないで一定に保つものだと考えられます。「物」と「物でないもの」を同じ文字や言葉で表現するのは、日本語の曖昧なところであり、すぐれたところです。

昔の唱歌の「おぼろ月夜」では『夕月掛かりてにおい淡し』のにおいは匂いではなく、雰囲気といった意味でしょう。また、この歌の2番で、火影（光）も、森（物）も、蛙の鳴き声（音）も同じように霞んでいるというのは、筆者の最も好きなところです。

物や動作および表現などには形が変わらないほうがよいものと、一つひとつ（一人ひとり）が違っているほうがよいものがあるようです。職人さんが一つひとつ手作りで作ったブランド品のバッグや宝石などはこの例です。

一方、工業製品は多量生産が必要であり、品質や出来映えに差が少ないことが重要です。特に工業製品の多くは、決められたルールや方法を守り、型にはまった作業を守ることが求められています。

第2章
金型ってどういうもの？

● 第2章 金型ってどういうもの？

10 金型はどこでどのように作っているの？

金型はいろいろな会社で作られている

金型はどのような会社でどのように作られているのでしょうか。金型を作っている工場には次の3つのタイプがあります。

① 商品を製造、販売している会社で金型も作る
自動車や電機製品などを製造し、販売している会社が社内で部品を作り、それに必要な金型も社内で作ります。

② 部品を作っている会社が金型も作る
自動車や電機製品などを作っている企業から部品を受注し、これを加工して納品する会社です。部品の生産に必要な金型も社内で作ります。

③ 金型を作るのが専門の会社
金型メーカー（金型屋さん）と呼ばれ、金型を作って売るのが本業の会社であり、金型が商品です。

金型製作は、およそ次の3つの部門に分かれます。

1. 金型設計
金型全体の構造を考え、組立図と部品図を設計します。最近はコンピュータを使った設計（CAD）またはCAD/CAMというシステムを使って設計・製造するのが一般的です。

2. 機械加工
金型加工は、人が手でハンドル操作をしながら加工をするマニュアル機械とコンピュータで作製したデータどおりの加工を自動で行うNC工作機械で行われています。
現在はNC工作機械で大部分の加工をし、マニュアル機械は補助的に使われています。

3. 仕上げと組立
加工の終わった部品にみがきその他の仕上げ作業を加え、購入部品などと合わせて組み立て、金型を完成させます。組立の済んだ金型は、生産用の機械に取り付け、材料を入れて試し加工をして、性能を確認します。具合が悪いものは、よくなるまで何回でも直します。

要点BOX
● 金型を作る会社には3つのタイプがある
● 専門の工場で専門の人が作っている
● 金型製作にはコンピュータが多く使われている

金型製作から製品完成までの流れと企業

商品を生産するメーカー	金型の製作 → 部品の加工 → 製品の組立
部品加工業者（部品を加工して納入）	金型の製作 → 部品の加工
金型メーカー（金型を製作して納入）	金型の製作

金型の製作工程

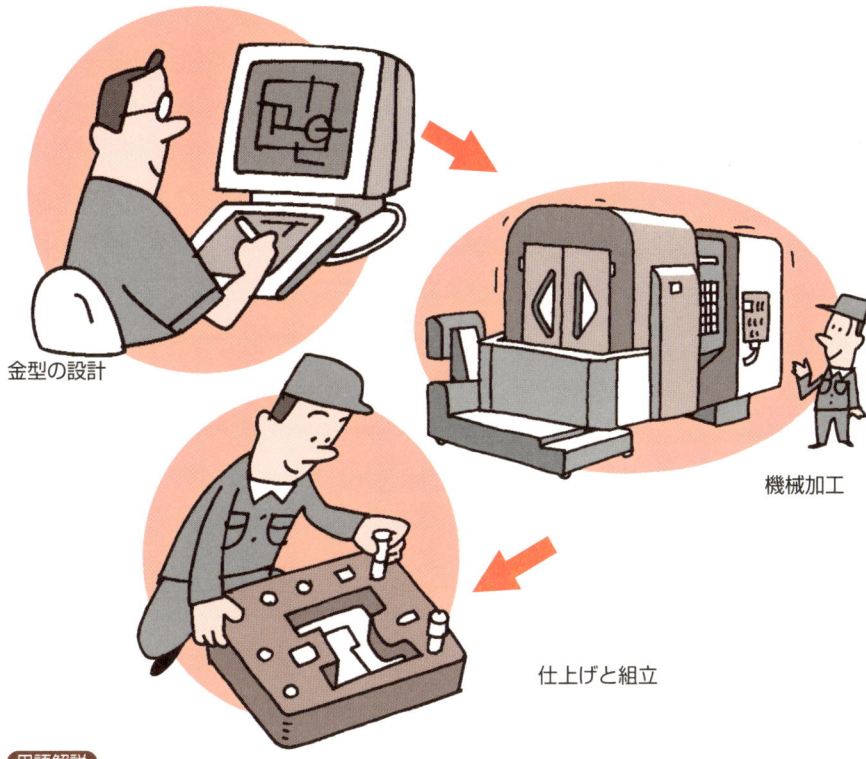

金型の設計

機械加工

仕上げと組立

用語解説

金型メーカー：金型を使う企業から注文を受け、これを生産して納める企業。金型の種類別に得意な分野があり、限られた顧客と取引をする例が多い

マニュアル機械：加工する工作物の形状および寸法などは、すべて作業者がハンドルなどを操作して決めます。このため作業者の熟練した腕で決まります

● 第2章　金型ってどういうもの？

11 金型はどこで誰が使っているの？

部品を作る工場で、専用の機械に付けて使う

金型は一般の家庭で個人が使うものではありません。自動車や電機製品の部品を作っている工場で、専門の機械に取り付けて使用しています。部品を作るために必要な機械や装置には次のようなものがあり、それぞれが役割を分担しています。

① 生産のための機械
金属のプレス加工にはプレス機械、プラスチックの成形にはプラスチック用射出成形機などです。金型はこれらに取り付けて使用します。

② 機械および機械の前後に組み込まれる装置
材料の保持と送り、金型への挿入、製品およびスクラップを機械の外へ排出などを行う自動化装置、その他の装置があります。

③ 金型
材料を成形し、製品およびスクラップを金型の外へ排出します。

④ 材料
製品の材料であり、さまざまな材質、形状および寸法の材料があります。

これらの装置や材料は、それぞれの役割を作るうえで最も大きな役割を果たしています。

また、これらを使って生産をするために人（作業者）がいます。作業者は機械の点検と作業条件の設定、装置の準備と調整、金型の取り付けと調整、材料の準備、試し加工と品質の確認などの作業をします。

金型の品質が悪いと、作業者に多くの負担をかけるばかりか、できた製品の品質も不安定になります。比較的小さな会社はプレス加工、プラスチックの射出成形、ガラスの成形、ゴムの成形など、素材と生産内容ごとに会社が分かれています。これらの生産をひとつの会社で行っている場合でも、専門別に工場または職場が分かれているのが普通です。

要点BOX
● 金型だけでは製品を作れない
● 単に形を作るだけではない
● 製品の品質の大部分は金型で決まる

金型の製造工場

金型は専門の工場内で使われ、一般の人が見ることはない

金型を使った生産方法

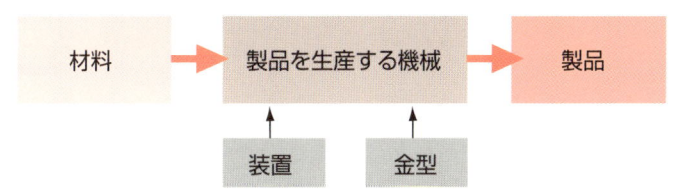

材料 → 製品を生産する機械 → 製品

↑　　↑
装置　金型

工場内のプレス機械と金型

金型

●第2章　金型ってどういうもの？

12 金型はなぜお店で売っていないの？

金型を店で買う人はなく、店では売れない

金型は自動車その他の産業を支える重要なものですが、ふだんお店で売っているのを見たことはないでしょう。また、テレビやチラシで宣伝することもありません。インターネットなどで調べても、作っている企業の紹介はありますが金型そのものはありません。

その理由は次のとおりです。

① 特定の会社だけが使う

ひとつの金型を必要とする会社は、世界中で1社だけであり、ほかの会社では全く必要ありません。このため、不特定多数のお客さんを対象とした宣伝や店舗での販売は全く効果がなく、また必要もありません。

② 前もって作っておけない

金型は製品の開発が終わり、デザイン、寸法などが決まってから必要になります。このため、前もって作っておくことができません。注文に応じて作ら れる住宅などと同じです。前もって作っておけないので店に並べておくのは不可能です。

③ 1個だけ作る

同じものを2つ以上作る例は非常に少なく、2つ以上の場合でも、使う企業は1個だけの場合と同じです。

④ 作る企業の得意な分野が決まっている

金型は種類が多く、作る会社はそれぞれ得意な金型の種類が違います。金型の種類が違えば、必要な技術や設備も異なります。このため、類似の金型でも、特定の企業へ発注する例が多く、特定の企業との間での取引が多くなります。極端な例が使う企業内で金型を作る内製型です。

⑤ 直接取引

発注する企業と受注する企業が直接取引をするのが一般的であり、その間に流通業者が入る例はほとんどありません。

要点BOX
- 必要な企業以外は使わず、買わない
- 金型は必要になってから作る
- 金型は在庫ができない

一般の製品と金型の売買の違い

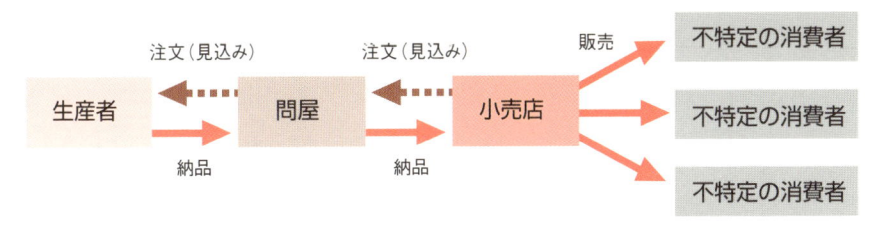

```
                注文（見込み）        注文（見込み）        販売
生産者  ←------------- 問屋  ←------------- 小売店  →  不特定の消費者
       ─────────→         ─────────→          →  不特定の消費者
           納品                納品               →  不特定の消費者
```

一般の商品の売買

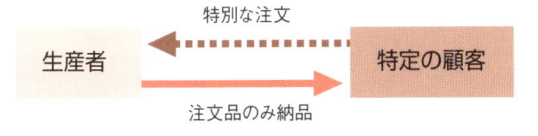

```
              特別な注文
生産者  ←------------- 特定の顧客
       ─────────→
         注文品のみ納品
```

金型の売買

一般の工業製品の生産から購入までの流れ

見込み生産　　　　　　　店に展示する　　　　　不特定多数の客
（注文がある前に作る）　（売れるのを待つ）

生産　　　　　　　　　**流通**　　　　　　　　**購入**

金型はそのつど発注、製作、納品する

直接注文　／　直接納品

金型を作る会社　　　　　　　　　　　　　　金型を使う会社

●第2章　金型ってどういうもの？

13 金型を使うと精度の高いものができる

たくさんの製品を、ひとつずつ別々に作るとしても寸法などのばらつきが大きくなります。人形その他「手作り」のものは一つひとつ形や大きさが違います。

しかし、金型で作った製品は、数千個、数万個作ってもそれぞれの差はほとんどありません。加工をした製品は金型の精度にほぼ近いものができるので、金型は非常に高い精度に仕上げます。

高精度な金型は1ミクロン（千分の一ミリメートル）またはそれ以下の精度が求められています。これは髪の毛の百分の一に近い微少な寸法です

しかし、正確に言うと、金型と製品の形状と寸法は全く同じではありません。金属の場合は、ばねのような性質があり、金型から出ると少し元に戻ります。プラスチックの場合は、金型から出て冷やされると収縮します。これらの変化を見込んで金型は作られています。

多量に同じものを作り続けるには、金型が摩耗しないことが重要です。一般の型も摩耗したり、形が崩れにくいように製品の材質より硬くて摩耗しにくいものを使っていますが、金型はこれを一段と高めたものです。

摩耗、形状の崩れおよび破損などを少なくするため、金型の材料は主に鋼が使われています。包丁や鋏なども鋼を使い、さらに焼入れをして使用されていますが、これらに使う鋼よりも金型の場合は、さらに硬くて摩耗しにくい特殊鋼が多く使われています。また大きな力に耐え、壊れにくいように強度も十分高くなっています。

使っているうちに摩耗したり破損したりした場合は、部品をみがき直したり、交換します。これは金型の保守（メンテナンス）と呼ばれており、金型の精度を維持するうえで大切な作業です。

> 金型は製品の精度より高い精度で作る

要点BOX
- 加工するときの変化を見込んでいる
- 摩耗する前に保守整備をする
- 高精度な金型は千分の一mmの単位で作る

金型は髪の毛の太さの百分の1の精度が求められる

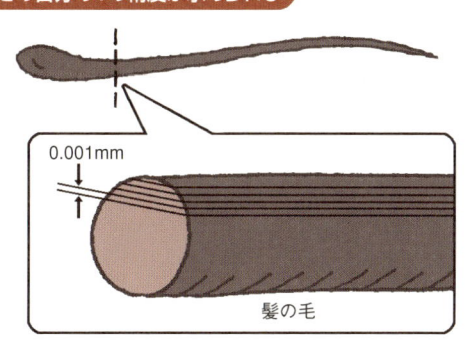

0.001mm

髪の毛

千分の1ミリメートルの精度で作られた金型

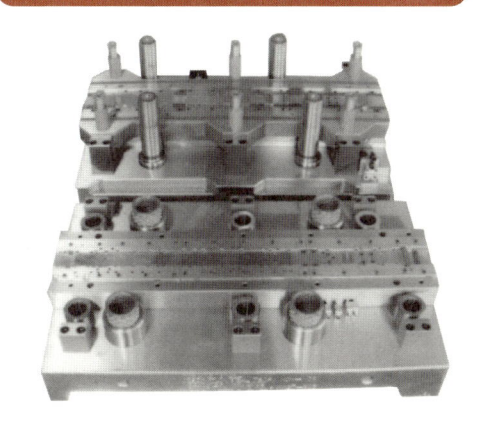

金型と製品の寸法は微妙に違う

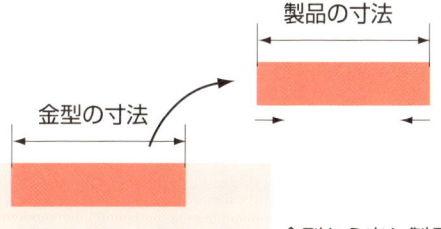

製品の寸法

金型の寸法

金型から出た製品はわずかに変化する
金型の寸法はその変化を見込んで作る

用語解説

ミクロン：百万分の1メートルで、正式な単位はマイクロメートル（μm）。機械関係の場合は単位をミリメートル（mm）で表す場合が多く、千分の1ミリメートルを使います

●第2章　金型ってどういうもの？

14 自動車は金型でできている

自動車の部品は金型で作られたものが大部分であり、金型を使わない部品を筆者は思いつきません。使われている金型は次のとおりです。

① プレス金型

薄い板でできている部品は、ほとんどプレス加工とその金型で作られています。ボディ本体、サスペンション、ドア、ボンネット、その他です。これらは平らな薄い鉄板を金型で成形し、これを溶接して作ります。

プレス加工用金型の70％以上が自動車部品であり、金型を使用する最大の産業です。

② 鍛造型

エンジンの動力をホイールに伝える動力伝達用部品の多くは鍛造型で作られています。

鍛造は主として鉄の塊を押しつぶして成形します。

③ ダイカスト型

アルミニウム製のエンジン（本体）、レバー、その他はダイカスト（金型による鋳造）で作られています。

④ プラスチック成形型

室内の内装品、電装品、バンパー、燃料タンクその他でプラスチック部品が増えており、これらは100％金型を用いて作られています。

⑤ ゴム（用）型

タイヤ、ワイパー、防振材などはゴムを金型で成形することで作られています。

⑥ ガラス（用）型

ヘッドライトのレンズ、窓ガラス、その他のガラスの成形にはガラス用の金型が使われています。

⑦ 電装品

カーステレオ、カーナビ、エアコン、エンジン、クラッチ、ドアの開閉、その他多くの電装品が使われており、これらの部品もまた金型でできています。

自動車の部品で金型を使わないものは、非常に少ない

要点BOX
●自動車部品は1万点以上ある
●部品の数だけ金型がある
●金型業界への影響が非常に大きい

自動車分野で使われている金型の例

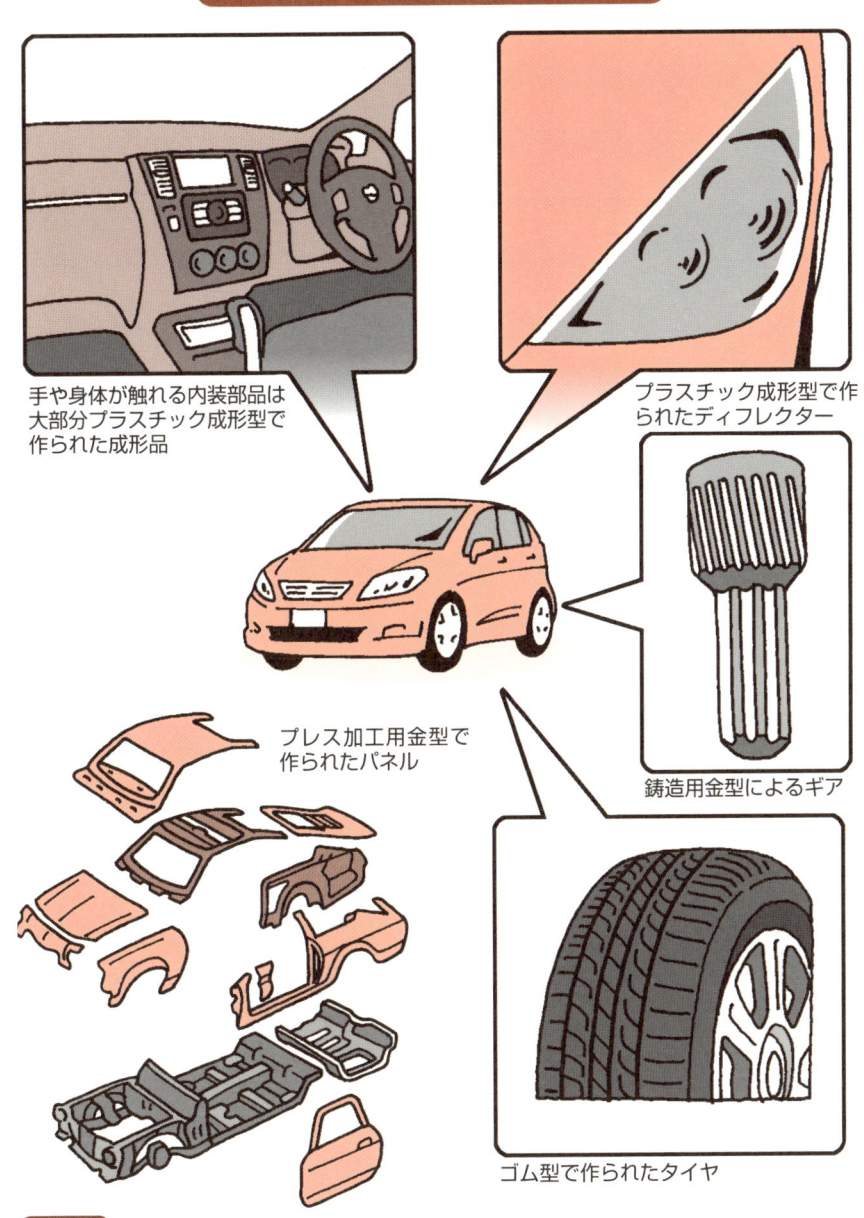

手や身体が触れる内装部品は大部分プラスチック成形型で作られた成形品

プラスチック成形型で作られたディフレクター

プレス加工用金型で作られたパネル

鋳造用金型によるギア

ゴム型で作られたタイヤ

用語解説

ボディ本体：溶接で一体化した自動車の本体であり、この中に人、エンジンおよび荷物などが入ります
サスペンション：タイヤの付いたホイール、ばねなどを取り付け、道路の凹凸を吸収して乗り心地をよくする装置

● 第2章 金型ってどういうもの？

15 電器・電子機器と金型

使用する部品の変化が激しい

電器および電子機器は、年々小型化と高性能化が進み、部屋いっぱいの大型コンピュータと同じかそれ以上のものが、片手で持てるパソコンに変わっています。テレビも大きくて重いブラウン管式から、薄型のハイビジョンに変わっています。携帯電話の機能の向上と軽量化には、ついてゆくだけでも大変です。

これらに使われる部品も、当然高機能、小型化が要求され、ピンセットでようやく摘めるか、顕微鏡で見ないと分からないものも多くなっているほどです。しかし、これらの部品もその多くは金型で作られています。

携帯用のAV機器などを薄くするためには、部品を小さくするだけではなく、部品と部品の隙間を狭くする必要があります。このため、反り、ねじれ、その他のゆがみ対策が重要になり、金型製作も高い技術が要求されるようになっています。このため金型も小型、高精度に対応したものが求められています。

しかし、これは金型の中でも、製品を成形する部分のことであり、金型そのものが小さくなるわけではありません。むしろ高精度を確保し、これを維持するための部品を組み込んだり、剛性を高くするため、丈夫に作る必要があります。

電気製品の本体の多くにプラスチックが用いられ、複雑な形状の一体化が進んでいます。昔の製品と比べると、ねじで留めてあるところが非常に少なくなっています。これは部品の数を減らして加工費を安くすることと組立時間を短縮するためであり、金型はそれだけ複雑になっています。

部品の軽量化にはアルミニウムやマグネシウムなど、軽い材料への変更も進んでいます。

要点BOX
- ●部品に合わせて金型も変化する
- ●小型・高性能化が著しい
- ●金属から、プラスチックへ

電器・電子機器

大きさ および価格

機能（性能）

機能の大きさ

月日

電器、電子機器の変化

小さな電子部品の例

加工する製品が小さくても金型は小さくならない

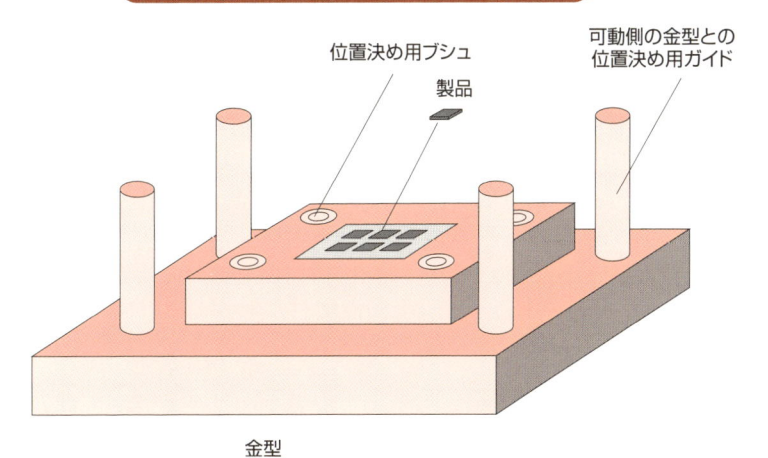

位置決め用ブシュ

製品

可動側の金型との位置決め用ガイド

金型

電話の高性能化と小型化

用語解説

マグネシウム（合金）：アルミニウムよりさらに軽い金属であり、成形加工は難しいですがパソコンその他の携帯用のケースに使われています

● 第2章　金型ってどういうもの？

16 厨房機器および食器と金型

台所にはプレス加工品が多い

台所で目に付くのは、ステンレスの流し台、ガス台とガス器具、換気扇（レンジフード）および収納庫などです。これらは熱に耐えること、防水性および清潔感などから金属が多く使われています。

なかでも木製やコンクリートで作られていた流し台がステンレスで作られるようになって、ダイニングキッチンが生まれ、調理が土間から部屋の中に移りました。このステンレスの流し台（シンク）は1枚の板から成形されており、プレス加工とその金型の傑作です。

調理用のお釜や鍋などもプレス加工品に代わり、軽くて便利なものが安く手に入るようになりました。これらの大部分は金型で成形されています。

洗った後の食器を入れるかごも竹や木製のものから、金型で作ったプラスチック製品や金属製品に代わっています。味噌や醤油などの食品を保存する容器も、その多くが木の桶や陶器から金型によって作られるプラスチック製品に代わっています。

コンビニエンスストアでお世話になっているカップ麺、お総菜、その他の容器は、アルミ箔またはプラスチックを金型で成形したものです。

現在も昔と変わらず陶磁器や木製のものに、食器類や箸があります。しかし、スプーン、ナイフおよびフォークなどの金属製の洋食器の多くは金型で作られています。

厨房機器は電器製品への移行が進み、電気炊飯器、電子レンジ、電気ポット、ミキサー、食器洗い機などが普及しています。これらは高度な自動化が進んでおり、マイコンなどを搭載したものも増えています。すでに薪を燃やす竈（かまど）は、博物館かレトロを売り物にするお店以外では見られなくなりました。

要点BOX
● プレス加工が主婦の生活を変えた
● 木製の製品が減っている
● カップラーメンも金型のおかげ

厨房機器

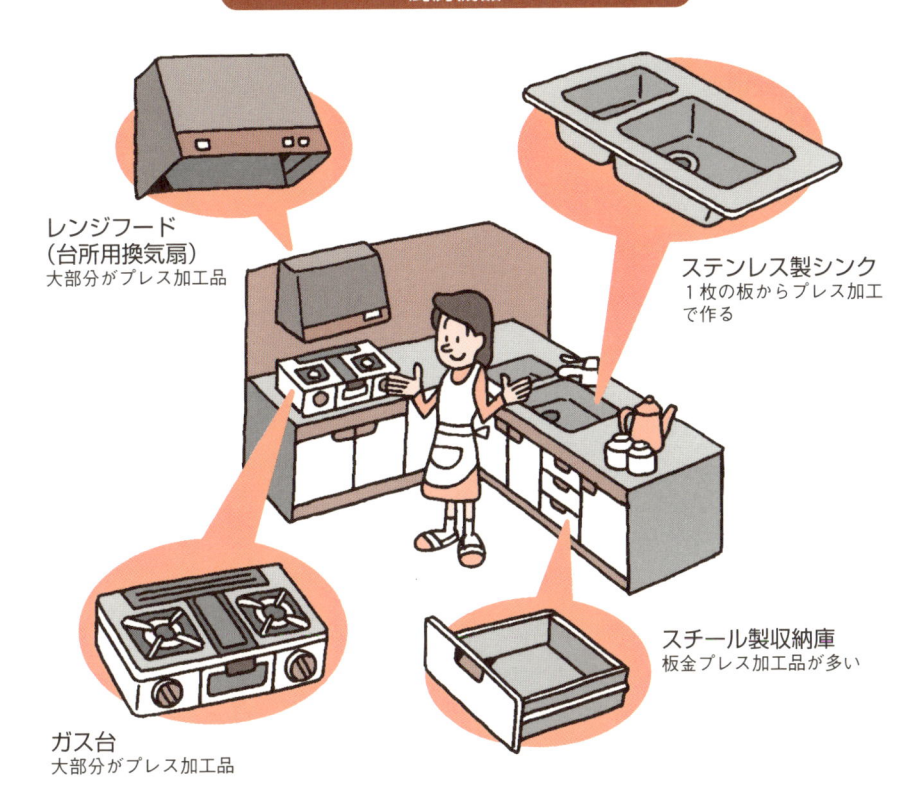

レンジフード（台所用換気扇）
大部分がプレス加工品

ステンレス製シンク
1枚の板からプレス加工で作る

ガス台
大部分がプレス加工品

スチール製収納庫
板金プレス加工品が多い

炊飯器の流れ

鋳物製の釜と木製の蓋 → 金型とプレス加工による世界初の電気釜

アルミニウムの箔を金型で成形したカップ麺の容器

用語解説

シンク：ステンレス製の台所用流し台で、深く容器状に凹ませた部分であり、水を溜めたり洗いものをするために用います。プレス加工では非常に難しい製品です

●第2章 金型ってどういうもの？

17 文房具、雑貨などと金型

なぜ百円ショップの製品は、こんなに安いの

百円ショップで驚くのは、商品の種類の多いことと値段が安いことです。「これがどうして百円なの」と不思議に思うことが多いと思います。

プラスチックの容器などでは驚きませんが、折り畳み式の傘や、時計などまであると感心するよりあきれてしまいます。

簡単な機能の文房具および雑貨類には、次のような特徴があります。

① 製品も技術も成熟したものが多く、モデルチェンジや新しい開発要素が少ない。このため、外国への生産移転が容易です。

② 生産のための設備が比較的簡単で価格も安く、小規模な企業でも多量に作ることができます。

③ 非常にたくさんの製品を作ります。

大部分の部品は、金型を使って多量に生産しています。特に文房具および雑貨類のプラスチック製品が安いのは、金型を使用することで、加工に熟練者が不要なため、常により人件費の安い国に移動するためです。数量の多いプラスチック製品用の金型には、一度に50個以上同時に作られるものがあります。

文房具から発展した事務機にはコピー機、プリンター、スキャナーなどがあり、これらはほとんどがパソコンの周辺機器になっています。これにより、企業では万年筆、鉛筆およびボールペンなどの使用量は少なくなっています。

また昔から使われていたタイプライター、謄写版および製図器などは姿を消しつつあります。筆記用具の主な顧客と用途は、学校の生徒とその学習用中心であり、企業では補助的な役割になりつつあります。

一方、高級な筆記用具は、ひとつ数万円もするブランド品があり、こちらは熟練者による手作りに近い少量生産が中心です。

要点BOX
- 一度にたくさん作る金型もある
- より安くできるものに変わっていく
- 多量生産せずに高いものもある

金型で安く多量に作られる文房具

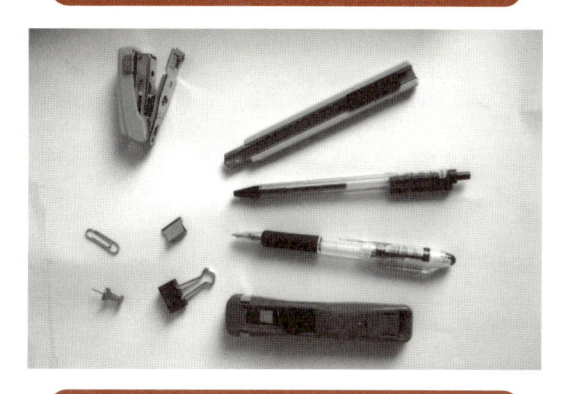

生産量と加工量の関係

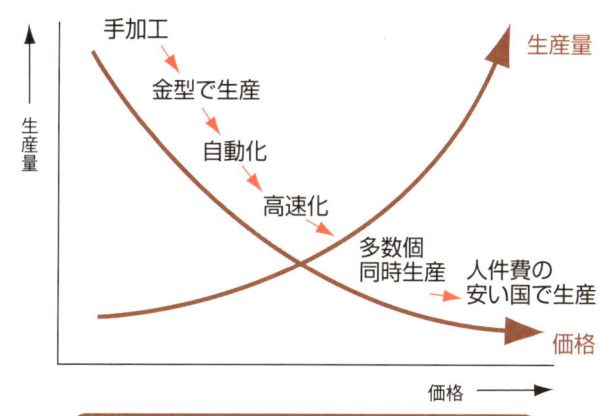

- 手加工
- 金型で生産
- 自動化
- 高速化
- 多数個同時生産
- 人件費の安い国で生産

生産量 ／ 価格

ボールペンの軸を作る金型

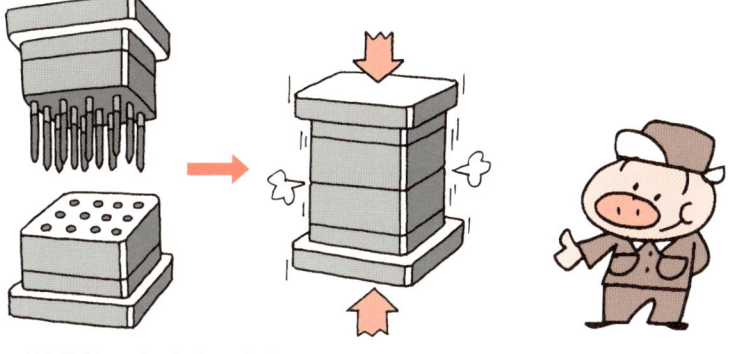

ボールペンの軸を数十個同時に成形する金型の例

18 船、鉄道車両、航空機などの輸送機と金型

これらの輸送機器は、非常に大きいこと、生産数が少ないこと、部品点数が多いことなどの特徴があります。このため、年間の生産数が数個から数十個単位の本体（ボディ）を金型で多量生産する例はほとんどありません。

数万トンの船の先端部、新幹線の先端車両、航空機の胴体と翼などの流れるような曲線の大部分は熟練技能者による手加工です。機械を使う場合も、人が熟練した腕で機械を操作しています。

外側の部品の生産量は限られていても、目に見えない部分には多くの構造物があります。航空機を細かく分けると、数十万点から百万点を越える部品が使われており、見た目以上に複雑で、多くの部品が組み込まれています。

これらの輸送機器の操縦は大部分が、コンピュータで制御され、自動化されています。操縦席から尾翼まで、機内に張り巡らせた電線の数と長さは膨大になります。

また、大部分の装置はさまざまな機器で制御されています。航空機に搭載されているコンピュータや制御装置は電子機器の塊であり、金型で作られた部品が非常に多くあります。さらに内装品、特に座席周辺には、座席はもとより、テーブル、AV機器、非常時に備えた機器などが乗客の数だけあります。エンジンおよびモーターなどの動力源には、1台あたり、多量に使われる部品が多く、これらの中には金型で作られたものが多数あります。

日本は単独では航空機を作っていませんが、胴体、内部の構造物、主翼および尾翼の一部などを生産しており、航空機部品の生産は大きな産業になっています。

航空機や鉄道車両はそれだけでなく、地上の管制室で膨大な情報を処理しており、ここでも金型で作られた多くの電子機器が使われています。

> 航空機にも金型で作った製品が詰まっている

要点BOX
- ハイテク製品に守られている
- 部品点数は航空機が自動車より遙かに多い
- 空港その他に使われるものも多い

航空機の中には高性能、軽量、小型の機器が詰っている

大型コンピュータ

自動機
ロボット

AV機器
座席

ターボファンエンジン

新幹線の列車にも高性能の軽量、小型の機器が詰っている

新幹線の列車にも金型で作られた多くの電気電子機器が付いている

●第2章　金型ってどういうもの？

19 金型の種類別の生産量と金額

金型は種類によって値段が大きく変わる

金型の種類別の生産量と売上金額の割合は図1および図2のようになります。これらの図から次のことが分かります。

① 金型の生産数はガラス用の金型が一番ですが、金額は非常に少ない

このことからガラス用金型は、種類が多く1型あたりの値段が極端に安いことが分かります。これはガラス製品は単純な形状が多く、金型の材質も安いものを使用し、構造も簡単なものが多いためです。ガラス瓶の成形は、溶けたガラスに圧縮空気を吹き込んで膨らます方法ですが、金型は外側だけです。

② 鍛造用金型も同様の傾向があります

これは素材から完成までの途中工程の金型は、簡単な機能と形状の金型が多いためです。

③ 生産金額はプレス用金型とプラスチック用金型が圧倒的に高い

この2つの金型は1型あたりの値段がほかの金型に比べて高く、特にプラスチック用金型は価格が高いことが分かります。

プレス用金型とプラスチック用金型の価格が高いのは、製品の形状が複雑で高精度であり、金型も複雑で高精度なものが多いためです。

④ 総合的な生産システムと金型

製品を生産する機械、自動化装置、金型、制御システムなどをひとつの総合的な装置として製作し、販売する例も増えています。このため、金型だけの生産量と売上げを知るのは難しくなっています。

この場合、使う側は完成した総合的な装置を購入し、ボタンを押すだけで最先端の生産が可能です。

プルトップ缶の蓋を日本で国産化したころは、製品そのもののアイデア、製品の生産方法、プレス機械および周辺装置、金型、金型の保守技術などのすべてを一括してアメリカの企業から導入しました。

要点BOX
- ●ガラス用金型は簡単で安い
- ●金額が大きい金型と生産数の多い金型
- ●金型単独の売上げ金額は分かりにくい

金型の種類別生産数および売上金額図

■ ガラス用金型　■ プレス用金型　■ 鍛造用金型　□ 粉末成形用金型
■ プラスチック用金型　■ ゴム用金型　■ ダイカスト用金型　■ 鋳造用金型

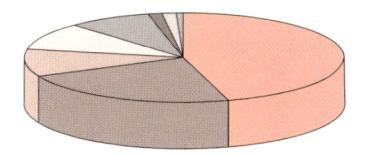

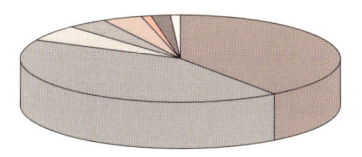

図1　金型の種類別生産数　　図2　金型の種類別売上金額の比率

金型の生産数と売上げ

ガラス用金型は生産数は多いが、売上げ金額は少ない

プラスチック用金型は生産数は少ないが、売上金額は多い

生産システムとして販売

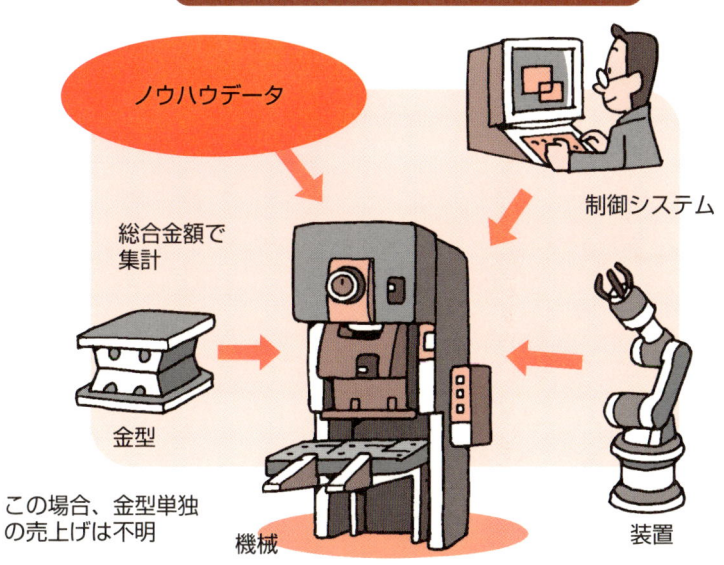

ノウハウデータ

制御システム

総合金額で集計

金型

この場合、金型単独の売上げは不明

機械

装置

● 第2章 金型ってどういうもの？

20 金型製作者に必要な技術と技能

金型製作者はいろいろな専門の知識と経験が必要

金型を作るには、専門分野の広い知識と多くの経験を必要とします。このため、欧米およびアジアの国々でも、金型製作者は、社会的に高い評価と処遇を得ています。日本でも終身雇用と年功序列から、徐々に企業内で専門職としての評価は上がってきています。

金型製作関係の技術者および技能者は、次の4つの分野に分かれます。

① 生産技術
金型で作る製品を最適な方法で生産するためのすべての内容について、企画と実施を進めます。金型については、生産に最適な金型の仕様を指定します。

② 金型設計
金型の構造および金型部品の設計をします。出来上がった金型の出来映え全体の責任を持ちます。また、作りやすさを考えた金型部品の設計も重要です。

③ 機械加工
金型部品の多くはひとつだけ作って終わりです。このため部品ごとの加工内容、加工条件などを自分で考え、機械を操作して加工をします。機械加工は多くの工程が必要であり、扱う機械もさまざまです。後工程や組み立てるときのことを考えて最適な加工をする必要があり、これをできるのが金型製作者です。

④ 仕上げ・組立
機械加工の済んだ金型部品を調べ、機械加工ではできないみがき、その他の仕上げ加工をします。その後で組み立てますが、微妙な調整および修正が必要な場合が多く、ここに熟練した腕とさまざまな経験が必要になります。

最近は入社後すぐにそれぞれの部門に配属され、ほかの分野を経験せずにその部門の専門職になる例が増えています。

要点BOX
● 設計と製作に分かれる
● 製作は機械加工と仕上げ・組立に分かれる
● 仕上げ・組立担当者は熟練者が多い

金型を教える学校はほとんどない

金型技術者のチャート図

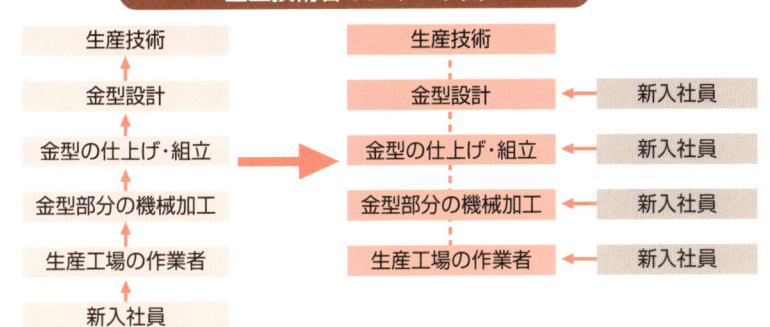

経験を積み重ねる場合の
技術レベルの向上
（多能工としての金型製作者）

| 生産技術 |
| 金型設計 |
| 金型の仕上げ・組立 |
| 金型部分の機械加工 |
| 生産工場の作業者 |
| 新入社員 |

→

分業による専門家
（職業別の専門家）

生産技術	
金型設計	← 新入社員
金型の仕上げ・組立	← 新入社員
金型部分の機械加工	← 新入社員
生産工場の作業者	← 新入社員

機械工と金型製作者の差

機械工：図面どおりに作る

金型製作者：
- 図面に指定のない部品の判断
- トラブル対策
- 加工工程の確定
- 相手部品との組合せ
- 金型部品の役割
- 後工程の加工または仕上げ方法

Column

金型は見えにくい

本文でも述べましたが、金型は一般の学校では学ぶことがなく、店で見たり買うこともありません。実際に金型を見ても、単なる鉄の塊のように見えるだけです。

金型収納棚に保管してある金型を見ても、大きさや形が似ており、どれも同じように見えるはずです。しかし、世界中の金型の大部分は、この世にひとつだけのものです。

金型を使う製品の加工は、鉄で囲まれた内部で行い、ここで金型の価値が決まり、外から見たのではよく分かりません。専門の金型製作者やその金型を使う人でも、実際に加工をしている時の内部の様子は見ることはできません。

金型製作は、この目に見えない鉄の塊の中で行われている加工を、想像して設計をしたり、作っているのです。ここに金型製作の難しさと面白さ、技術の価値があります。

同じように見える金型から全く違ったものが次々に出てくるのは、まるで『ドラえもんのポケット』のようです。

今後も金型製作は進歩を続け、好きなものがいつでも取り出せる『ドラえもんのポケット』に近づけるといいなと思います。

第3章

金型の種類と特徴

● 第3章　金型の種類と特徴

21 穴明けパンチを見ればプレス加工用金型が分かる

両方とも同じ原理と構造になっている

紙をファイルに閉じるときに穴をあけるパンチを見ると、プレス加工用金型の構造と原理がほぼ分かります。

穴明けパンチは手で押して穴をあけますが、金属を打ち抜くプレス金型は、大きな力で押しつける必要があるため、モーターで駆動するプレス機械を使います。パンチは図1のような構造になっています。

上下に動き穴をあける丸い棒のようなものは、プレス型でもパンチです。

パンチの下には丸い穴があり、この棒と穴の間で紙を抜きますが、この穴のほうを金型ではダイと言います。穴をあけて戻るとき、紙をパンチから外すことと、パンチを正しい位置に保持するために上側にも丸い穴のあいた薄い板があります。これをパンチに付いた材料を外すという意味で、金型ではストリッパと呼んでいます。

図2はプレス金型の穴明け型です。穴明け型での

加工は、残ったほうが製品になり、小さく抜かれたものはスクラップになります。同じ構造でも、抜いたほうが製品になる場合は外形抜き型と言います。

プレス加工用金型の構造と必要な部品は、ほぼ紙を抜くパンチに似ていますが、次のような違いがあります。

① 加工する材料は紙ではなく、金属の板ですこのため全体の構造は丈夫で強くできています。

② 材料や加工前の製品の位置を決めたり、機械に取り付けるための部品が付いています

③ 穴抜きだけではありませんプレス用金型にはこのほか、曲げ、成形および潰しなどの加工をする金型があります。これらの金型は、パンチとダイの間で材料を押しつけて変形させ、形を作るものですが、基本的な原理と構造は穴明けパンチに似ています。

要点BOX
- ●穴明けパンチと抜き型の比較
- ●金属を抜くプレス金型
- ●ほかのプレス金型も原理と構造は似ている

図1 パンチと紙の穴あけ

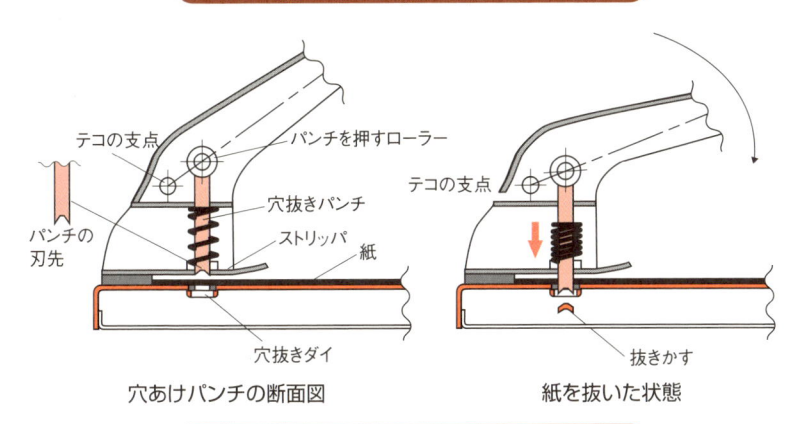

穴あけパンチの断面図
- テコの支点
- パンチを押すローラー
- 穴抜きパンチ
- ストリッパ
- 紙
- パンチの刃先
- 穴抜きダイ

紙を抜いた状態
- テコの支点
- 抜きかす

図2 プレス金型とその穴あけ

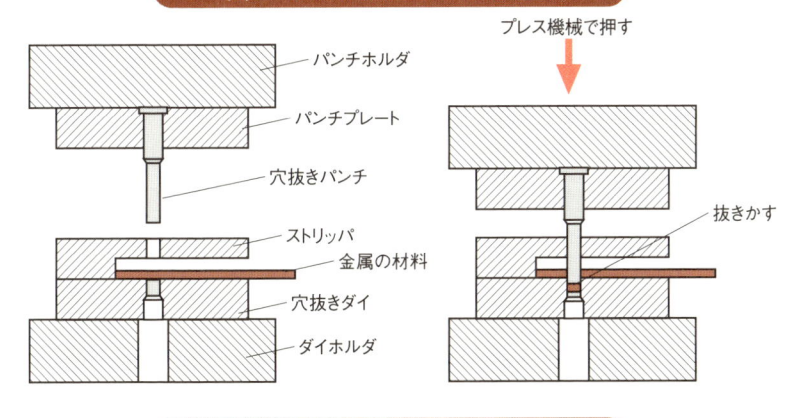

- パンチホルダ
- パンチプレート
- 穴抜きパンチ
- ストリッパ
- 金属の材料
- 穴抜きダイ
- ダイホルダ
- プレス機械で押す
- 抜きかす

プレス金型と成形例

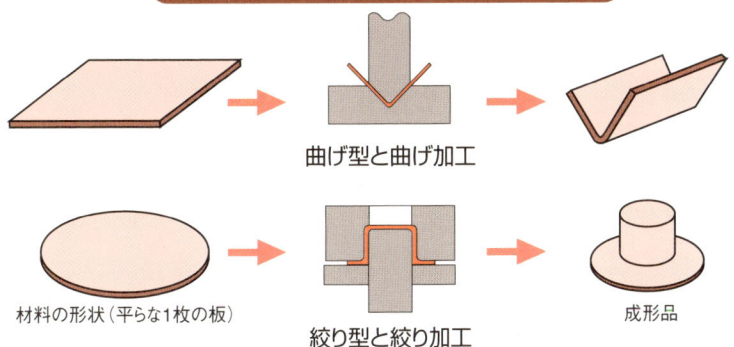

曲げ型と曲げ加工

材料の形状（平らな1枚の板） → 絞り型と絞り加工 → 成形品

22 ハンマーから進化した鍛造用金型

村の鍛冶屋は鍛造と鍛造型のルーツ

鉄は強度が高く、摩耗しにくいため、それまでの青銅などに比べて素材としては理想的です。しかし作るのも、加工をするのも大変であり、また貴重品でした。

わが国では鉄は室町時代から本格的に量産されるようになったと言われています。作り方は砂鉄と炭を交互に入れながら足踏み式のふいごで風を送り続け、長い時間をかけて高温で還元し、数日かけて徐々に鉄分のみに変える「たたら」と呼ばれる炉で作られてきました。映画の「もののけ姫」はちょうどこの時代の話です。

できた鉄も溶かすことはできず、形を作るのは温度を上げてハンマーでたたきながら形を作る鍛造でした。日本刀や鉄砲（種子島）などはこのような方法で作られ、農耕用の鍬や鎌もこのようにして作られてきました。

その後、幕末に欧米の技術である溶鉱炉が導入され、鉄を完全に溶かして取り出すことができるようになりました。これにより鉄の成分を自由に変えることができるようになり、成形しやすい製品用の鋼ができ、耐摩耗性の高い特殊鋼などができるようになりました。

成形性のよい製品用の鋼と、摩耗しにくくて強い特殊鋼の金型により、ハンマーで繰り返したたく方法から、型を押しつけて成形する型鍛造に変えることができるようになりました。これにより高精度な部品を早く成形できるようになりました。

型鍛造には鉄を高い温度に加熱して加工をする方法と冷えた状態で加工をする方法があります。鍛造は単に形を作るだけでなく、鉄の組織を緻密にして強くする効果もあり、日本刀はその代表です。この特徴を生かして軽くて強く、そのうえ精度の高い製品ができるようになりました。

要点BOX
- ●鉄はたたけば形を変えられる
- ●昔の鉄は砂鉄から作っていた
- ●鉄は高い温度にすると加工しやすい

砂鉄から鋼を作るたたらの構造

炉 / 木炉 / 天秤山 / 地下 / 小舟 / 本床（大舟） / 小舟 / 真砂土 / 砂利 / 砕石 / 排水溝

（日立金属・ヤスキハガネ）

熱間鍛造の効果

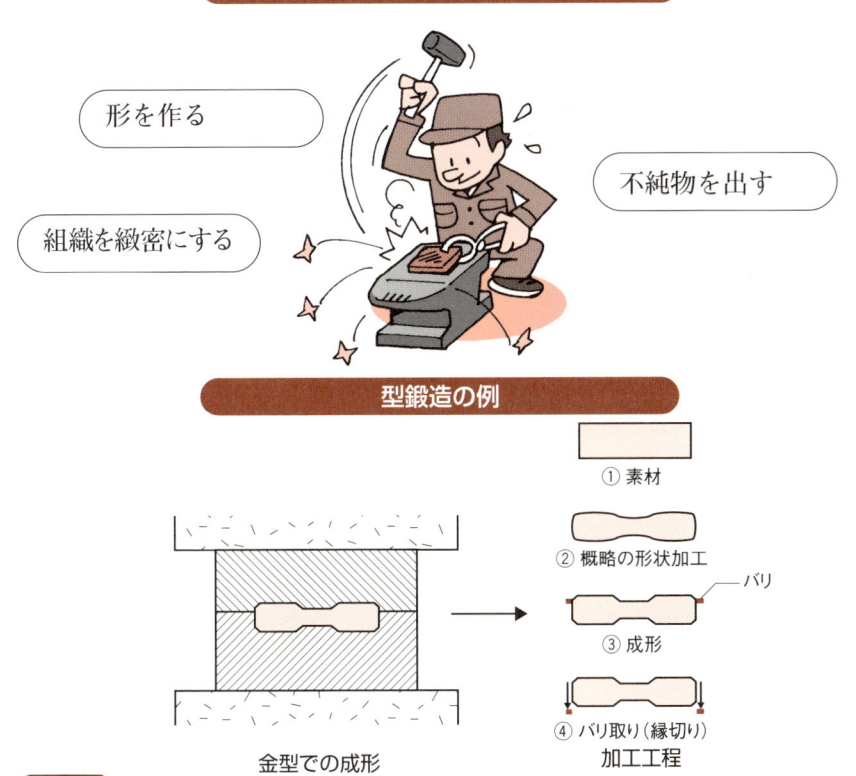

- 形を作る
- 組織を緻密にする
- 不純物を出す

型鍛造の例

金型での成形

① 素材
② 概略の形状加工
③ 成形（バリ）
④ バリ取り（縁切り）

加工工程

用語解説

鍛造：金属は上からたたくと材料は横方向に移動し、形がわずかに変わります。これを金属の展性または延性といいます。この作業をくり返すことで徐々に全体の形を変えます

23 鯛焼きとプラスチック成形型

鯛焼き用の型はプラスチック成形型に似ている

鯛焼きは、鯛の半分の形をした鉄の型をガスコンロなどで加熱し、その中に水で溶いた小麦粉とあんこを入れ、これを向かい合わせて作ります。

プラスチックの成形型は、2つの金型をはじめから組み合わせておき、その中に溶けたプラスチックを流し込みます。

プラスチック製品を見ると、必ず2つの金型を組み合わせたつなぎ目があります。鯛焼きも精度が悪いと形が崩れていたり、表と裏（どちらが表か分かりませんが）でずれているものがあります。また、合わせ目から漏れて薄くはみ出したもの（バリ）もあります。プラスチックの金型も精度が悪いと全く同じような製品ができます。

実際の金型は精度のよい製品を早く、たくさん作るため、次の点を注意して作っています。

① 一組の金型ははじめに密着させておき、この中に溶かした材料を大きな圧力で流し込みます。このた

めの通路を金型の中に彫り、ここを通って材料が金型の中に流れ込むようにしています。
② 製品の形状を作る部分は高精度な形状に作り、表面は滑らかにみがきます。
③ 合わせ目がずれないようなガイドを付けます。
④ 製品を型から取り出しやすいように、垂直な部分は小さな角度を付けます（抜き勾配）。
⑤ 金型の温度が上がりすぎないように型の中に水を流して冷やします。
⑥ 合わせ目に隙間ができないように、強い力で締め付けます。
⑦ 横方向に凹凸がある製品の場合は、金型部品を横方向に移動させます。

このような製品の場合は、そのままでは抜けないので、カムなどで金型部品を横方向に移動させます。

要点BOX
- 型の形を製品に写す
- 両方とも型を2つに分割する
- 材料の流し込み方が違う

型による鯛焼き

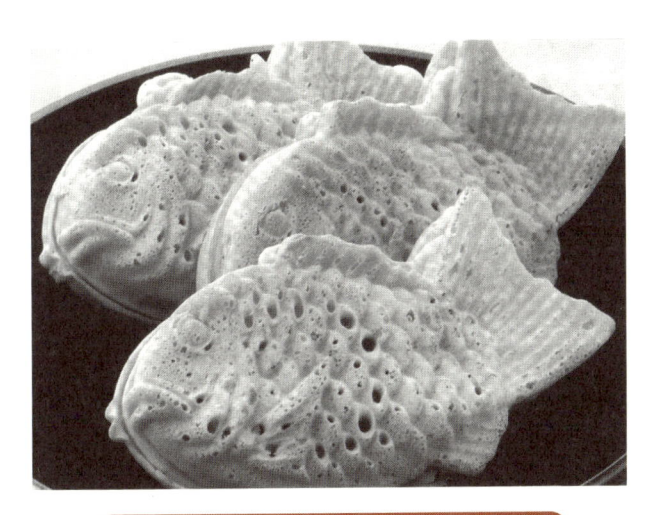

鯛焼きの原理

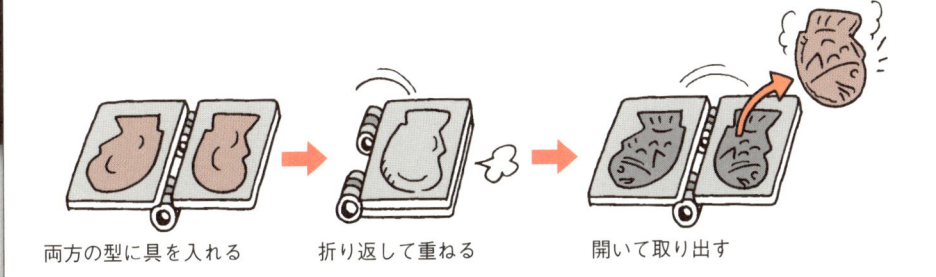

両方の型に具を入れる　　折り返して重ねる　　開いて取り出す

プラスチック成形型と加工の原理

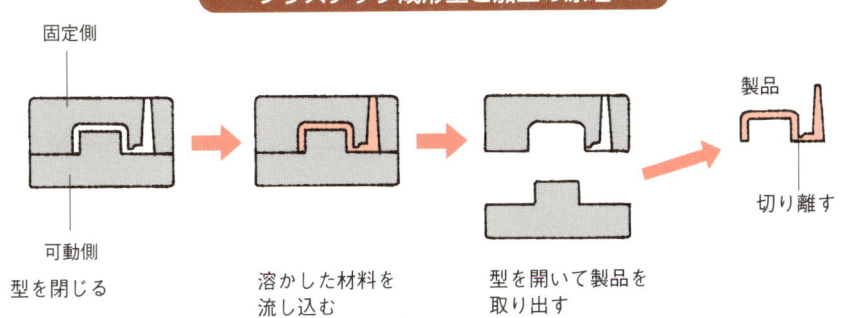

固定側

可動側

型を閉じる　　溶かした材料を流し込む　　型を開いて製品を取り出す

製品

切り離す

● 第3章　金型の種類と特徴

24 ゴム風船と同じように膨らませて作る金型

入り口より奥が大きい容器を作る

ペットボトルやガラスの瓶は、形を見るとゴム風船に似ていると思いませんか。特徴は中が空っぽ（空洞）で、入り口より奥のほうが大きい、全体が薄いなどです。

一般に金型で製品を成形する方法は、一組の金型の一方を固定してほかの一方を往復させます。カップ状の製品の場合は、外側を成形する側と内側を成形する金型を一組にして、一方を往復させます。これは主として製品を取り出すためですが、入り口より奥のほうが大きいと、内側の金型は製品から抜けません。このため、このような製品を一般的な金型で作ることはできません。

このような場合に使われるのがブロー成形型です。ブロー成形型は外側だけであり、内側は空っぽで、圧縮空気を吹き込んで膨らませます。

加工の済んだ製品は、金型を分割して外します。金型を使わずに溶けたガラスを筒の先に付け、回し

ながら口で吹いて膨らませて花瓶などを作っているガラス工芸の製作現場を見たことがあるでしょう。これと同じことを機械と金型で行うと、外形がさまざまなガラス瓶や、電球を一定の形状と寸法で作ることができます。

ペットボトルはゴム風船と同じように薄い筒状の材料を膨らませて作ります。

金属の場合は、パイプ状の材料を金型の中に入れ、軸方向に圧縮して縮めながら高圧の油圧で膨らませます。これをバルジ成形といい、両側よりも中側の断面が大きい製品を作ることができます。

自動車の構造部品は軽くて強度を確保するため、2つの部品を溶接して筒状にした部品が多くあります。これらの部品をバルジ成形で作ると、さらに軽いうえに強度が高い部品ができます。

要点BOX
- ●圧縮空気で膨らませる
- ●一般の金型では内部の部品を外せない
- ●金属は油圧やゴムで膨らませる

ブロー成形によるガラス瓶とペットボトル

風船を膨らませる

膨らむ　　　　　　　　　　　　吹く

ブロー成形型と加工の原理

金型1　金型2　　　　　　　　　　　　　　　　製品

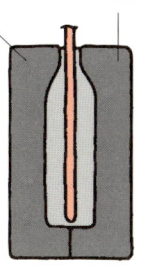

金型を閉じ、筒状の材料を入れる　　中から圧縮空気で膨らませる　　金型を開いて製品を取り出す

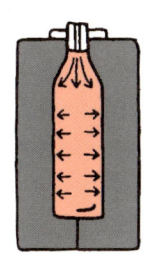

用語解説

バルジ成形：容器状またはパイプ状の素材に、内側から油圧などによる力を加え、外側に膨らませます

25 金型の経済性

金型を使う場合、金型製作費がかかる

金型を使った生産は、均一なものを多量に、速く、安く作ることができます。しかし、製品を作る前に、金型を作らなければならず、ここに多くの時間と費用を要します。

これに比べて切削加工などは、すぐに製品を加工できますが、ひとつ作るのに時間とコストは金型を使う場合よりはるかに多くかかります。

切削加工などで作る場合の原価は材料費と加工費だけです。これに対して金型を使った生産の場合の原価は、次のようになります。

材料費＋加工費＋金型償却費

金型償却費は金型製作費を総生産数で割ったものであり、生産数が多いと非常に少なくなります。例えば100万円の金型で、50万個作れば、1個あたりの償却費は2円ですが、4万個のみの生産では25円になります。

このことから金型を使う場合と、直接切削加工な
どで作る場合の比較は次のように言えます。

金型を使う場合は、ある程度の生産数が必要であり、生産数が少ない場合は、加工費が高くなります。生産数が少ない場合の金型は、生産性や寿命よりも金型を安く作る必要があります。

生産数が多い場合は、金型製作費が高くなっても、生産性がよく、寿命の長い金型のほうがよいと言えます。

このような考え方から、同じ製品を作る金型でも、内容と価格は大きく変わります。金型は作ったときの価格ではなく、使い終わったときに価値が決まります。安かろう悪かろうの金型を作ってしまうと、生産中にトラブルが繰り返し起きたり、修理を繰り返すことになり、品質も安定しません。

金型がよく分からない、企業や人によって全く違う金型ができる、などのイメージはこれが大きな理由のひとつだと思われます。

要点BOX
- 金型を使わないほうがよい場合がある
- 製品をたくさん作るほど安くなる
- 金型の価値は見ても分からない

金型を使わない場合と使う場合の違い

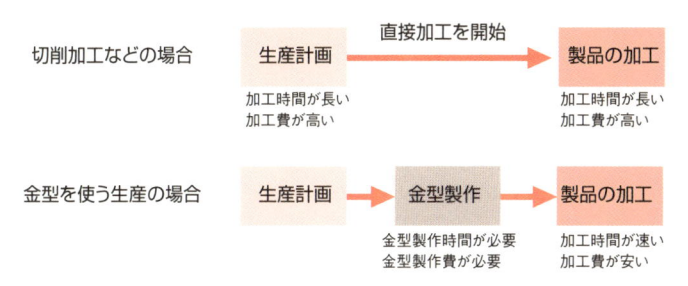

切削加工などの場合: 生産計画 →(直接加工を開始)→ 製品の加工
- 生産計画: 加工時間が長い／加工費が高い
- 製品の加工: 加工時間が長い／加工費が高い

金型を使う生産の場合: 生産計画 → 金型製作 → 製品の加工
- 金型製作: 金型製作時間が必要／金型製作費が必要
- 製品の加工: 加工時間が速い／加工費が安い

金型費と加工費の比率

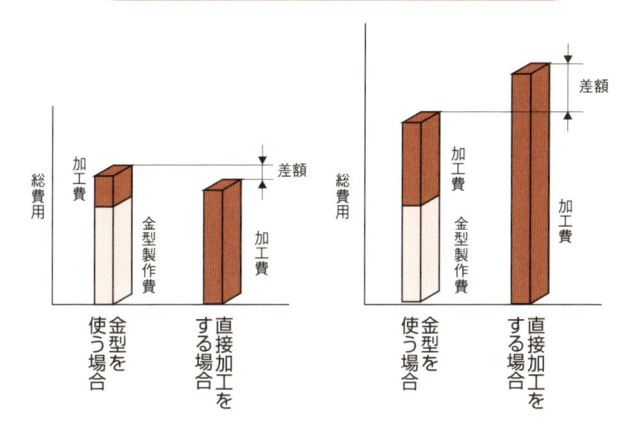

（左図）総費用：金型を使う場合（加工費＋金型製作費） vs 直接加工をする場合（加工費のみ）→ 差額
（右図）総費用：金型を使う場合（加工費＋金型製作費） vs 直接加工をする場合（加工費のみ）→ 差額

生産量による製品1個あたりの金型償却費

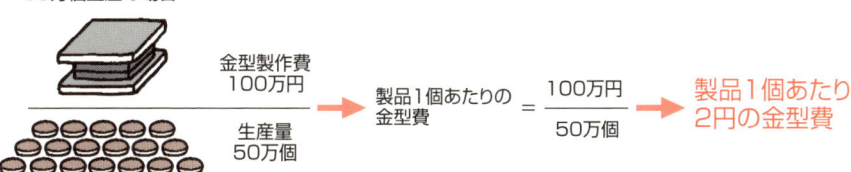

50万個生産の場合

金型製作費 100万円 ／ 生産量 50万個 → 製品1個あたりの金型費 = 100万円 / 50万個 → **製品1個あたり 2円の金型費**

4万個生産の場合

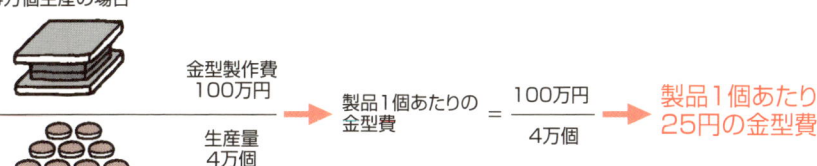

金型製作費 100万円 ／ 生産量 4万個 → 製品1個あたりの金型費 = 100万円 / 4万個 → **製品1個あたり 25円の金型費**

26 金型にはダイとモールドのグループがある

多くの工程と金型を使うダイと、一発成形のモールド

金型を大きく分けると、ダイグループとモールドグループに分かれます。昔は金型の大部分が金属プレス用であり、これをダイと呼んでいました。その後、プラスチック成形用などが増え、ダイの一部に入れていましたが、製品の素材、加工の原理および金型構造などが大きく分かれます。このため、ダイとモールドに分けて考えると金型を理解しやすいと思います。

ダイのグループには、薄い板をさまざまな形に抜いたり、成形する金属プレス用金型、金属の塊を潰して成形する鍛造用金型、および大きな板を部分的に切ったり曲げたりする板金機械用金型などがあります。

このグループの金型は、金属板または金属の塊に大きな力を加えて徐々に変形させて、最終の形状を作るまでの工程が多いなどの特徴があります。大部分の加工は常温で行い、工程が分かれているので加

工速度が速く、金属プレス加工では1分間に100回以上往復し、生産するものもあります。

モールドグループの代表はプラスチック成形用ですが、このほか金属を溶かして流し込むダイカスト用、ガラス用、ゴム用、金属の粉を型の中で押し固め、加熱して焼結する粉末成形用などがあります。

このグループは材料に熱を加えたり粉末にして、圧力を加えて型の中へ流し込み、一気に最終形状を作ります。加工の原理も金型の構造も共通する部分が多く、よく似ています。

熱を加えたり冷やしたりするため、ダイグループに比べて加工速度は低いですが、ひとつの金型で多数の製品を作ることができます。

プラモデルの部品で多くの部品がつながった状態になっているのは、ひとつの金型で多くの部品を作っているためです。

要点BOX
- ●ダイグループとモールドグループ
- ●同じグループの金型はよく似ている
- ●成形は常温で行うか、加熱をするか

金型の種類

金型	ダイ(Die)グループ	プレス金型(薄板加工用) 鍛造型(熱間、温間、冷間) 板金機械用金型(切断、曲げ、その他) 専用機用金型(板材加工用、各種専用機用) 金属以外のシート材用抜き型(紙、皮、その他)
	モールド(Mould)グループ	プラスチック用射出形成型 プラスチック用圧縮成形型 ダイカスト型(低融合金の鋳造用) ガラス(成形)型 ゴム(成形)型 粉末成形(粉末地金)型 MIM(金属射出成形)用金型

ダイによる加工の例

1　2　3　4　5

製品形状
モーターケース

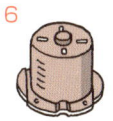

6　7　8　9

各工程の形状
各工程ごとに金型が必要(この場合9工程、9型)
工程ごとに形状が大きく変わります

モールドの製品と金型の形状

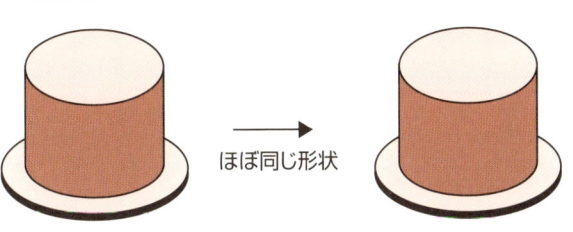

製品形状　→　ほぼ同じ形状　　金型の形状
工程と金型はひとつのみ

●第3章　金型の種類と特徴

27 プレス加工用金型の機能と構造

加工以外にもさまざまな役割がある

プレス加工用金型の特徴は、ひとつの製品を作るのに多くの工程が必要なことです。図は円筒製品を加工する絞り加工用の金型であり、次のような機能と部品があります。

① 加工前の材料の位置を決める

② 形状を加工する

製品の内側をパンチで受け、外側をダイが移動しながら加工をします。材料はパンチとダイの隙間に流れ込みます。ダイの角は材料が流れ込みやすいように円弧状にします。

③ しわを防ぐ

平らな板をそのまま円筒状に押し込むと、瓶の王冠のようなしわが発生します。これを防ぐため、材料を板厚方向に押しつけながら加工をします。これがしわ押さえ（ブランクホルダ）で、クッションピンおよびしわ押さえ用のばねです。プレス機械にクッション装置が付いている場合は、ばねは要りません。

④ ダイの中の製品を取り出す

加工の終わった製品は、ダイの中に残るのでこれを叩き出すのがノックアウトおよびノックアウト棒です。ノックアウト棒はプレス機械のノックアウトバーで押されるようになっています。

⑤ 稼働側の金型（上型）の位置を固定側の金型（下型）に正しく合わせる

金型相互の位置を維持するため、棒状のガイドポストおよび筒状のブシュが使われます。

⑥ プレス機械に取り付ける

プレス機械に金型の位置を決めるため、シャンクまたは位置決め用の部品が付けられます。プレス機械への固定は、パンチホルダおよびダイホルダをボルトまたは取り付け金具で行います。シャンクは上型を固定する場合も使います。

要点BOX
- ●金型別に必要な機能と部品
- ●しわを防ぐための部品もある
- ●金型部品を保持する部品も必要

パンチとダイだけで加工するとしわだらけになる

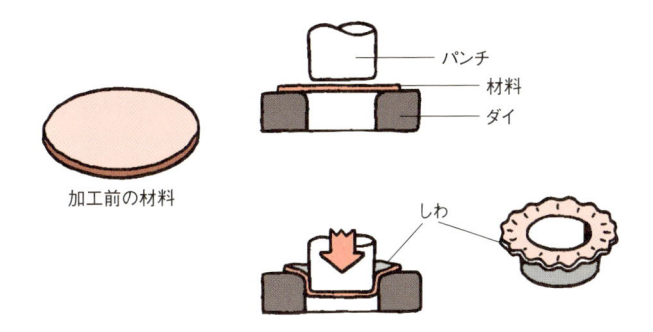

- パンチ
- 材料
- ダイ

加工前の材料

しわ

しわを押えたり、製品を取り出すなどの部品が組込まれている

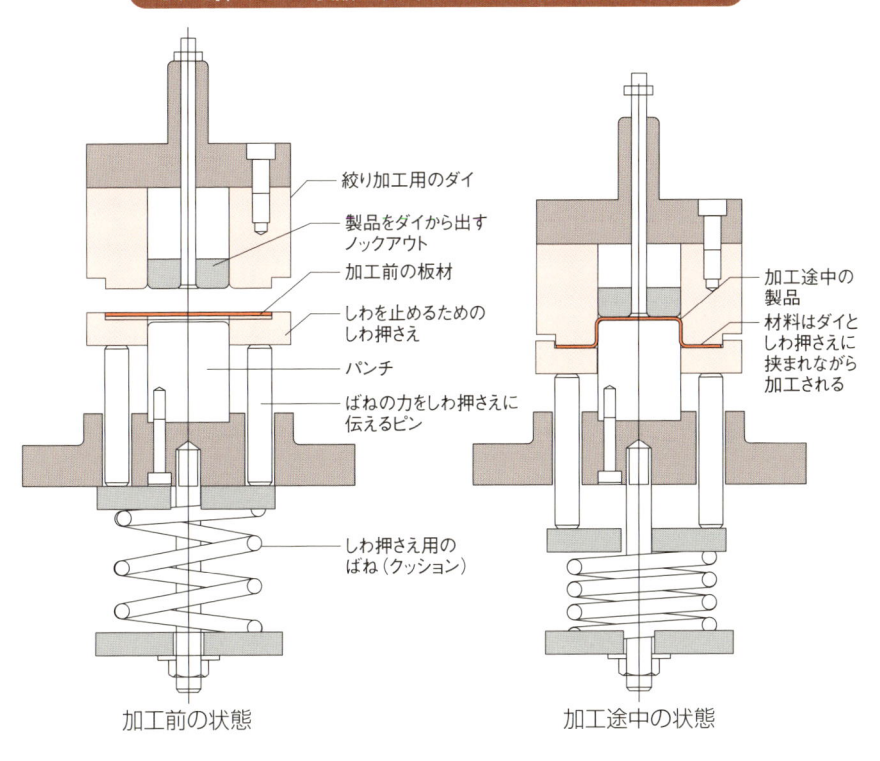

- 絞り加工用のダイ
- 製品をダイから出すノックアウト
- 加工前の板材
- しわを止めるためのしわ押さえ
- パンチ
- ばねの力をしわ押さえに伝えるピン
- しわ押さえ用のばね（クッション）

加工前の状態

- 加工途中の製品
- 材料はダイとしわ押さえに挟まれながら加工される

加工途中の状態

用語解説

しわ押さえ：加工前の板（ブランク）を支えるのでブランクホルダとも呼ばれます。絞り加工などの場合、しわの発生を防ぐため、材料をダイとの間で挟みながら加工をします

ノックアウト：加工が終わった後に、ダイの中に残ったままの製品を押し出す装置

28 プレス加工用金型の種類と特徴

プレス加工法には五種類の方法と金型がある

プレス用金型は、素材に薄い板を使用してさまざまな形状に加工をします。

加工内容には次の5つがあり、それぞれの加工内容別に専用の金型があります。

① 抜き加工──抜き型
② 曲げ加工──曲げ型
③ 成形加工──成形型
④ 絞り加工──絞り型
⑤ 圧縮加工──圧縮型

抜き加工は大きな板から製品の外形や穴を抜き取る加工であり、抜き型はそのために用いるものです。

曲げ加工は板状の製品を折り曲げるための加工であり、曲げ型はそのために用いるものです。

成形加工はドーム状に成形したり、円筒状に突き出す加工で、成形型はそのために用いるものです。

絞り加工は平らな板から、継ぎ目のない容器状の製品を作ることができる加工であり、絞り型はそのために用いるものです。

圧縮加工は板状の材料の一部に大きな力を加えて潰し、厚さを薄くする加工であり、圧縮型はそのために用いるものです。

加工工程はそれぞれの加工内容別に分かれ、それぞれ別なプレス機械と金型で加工をします。

金型は加工内容ごとに構造および部品などが変わります。これでは加工が大変なので、一台のプレス機械の中で多くの工程を自動的に加工する方法と金型があります。

トランスファ加工と金型

1台の機械にいくつもの金型を並べ、加工途中の製品を自動的に次の工程に送りながら加工します。

順送り加工と金型

ひとつの金型に多くの工程を並べて入れ、帯状の材料につながった製品を順次送りながら加工します。

要点BOX
- 加工法によって金型の構造も変わる
- 圧縮加工は鍛造加工に似ている
- 自動加工の方法と金型の構造

各加工法とその金型

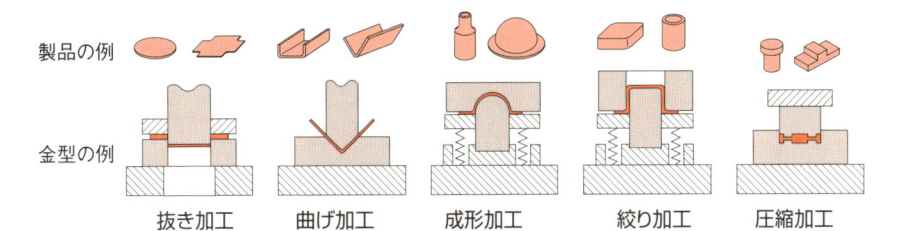

製品の例　　　　　　　　　　　　　　　　　　　　　　　　　　　　　　　　　　　　　　
金型の例

抜き加工　　曲げ加工　　成形加工　　絞り加工　　圧縮加工

1台の機械にひとつの金型を取り付けた例

ひとつの金型内で順次加工を進める例（順送り型）

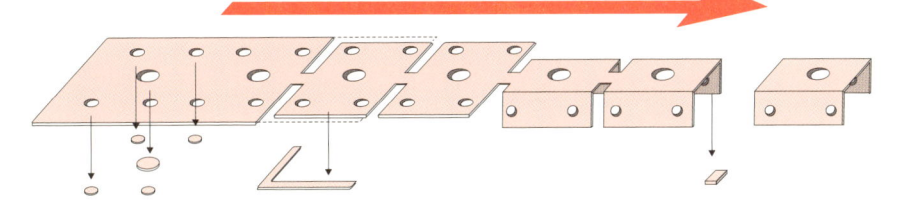

穴抜き　休み　外形の一部をカット　休み　曲げ　休み　切り離し　製品

用語解説

トランスファ加工：材料から抜き離した半加工品を、専用の装置でつかんで次の金型の位置まで運び、多くの工程を自動的に加工する方法

順送り加工：順送り型（プログレッシブダイ）と呼ばれる金型を使って、材料につないだ状態の半加工品を送りながら多くの工程を自動的に加工します

29 プレス金型を使った製品の生産

プレス機械その他との共同作業で生産をする

プレス加工を行う全体の設備は、左上の図のようになっています。プレス加工の中でも最も生産性が高い順送り加工の場合は左下の図のようになります。

プレス機械には、スライドと呼ばれる装置があり、これが一定の距離を上下に往復します。上型をこのスライドに付けて上下に往復させ、下死点近くで加工をします。

自動加工の場合は、スライドが上のほうにある間に材料を送ります。帯状の長い材料は、渦巻き状に巻いてあります。これは運搬したり保管するとき場所をとらないためです。

この状態の材料をアンコイラと呼ばれる装置に取り付けます。帯状に巻いたままの材料は円弧状に湾曲をしているので、送り装置の手前でレベラーを通して真っ直ぐにします。その後、材料をロールフィードなどの送り装置で一定の量を金型の中に送り込みます。

材料は加工をしているときは停止しており、上型が材料から離れている間に送ります。また加工の終わったスクラップは切断したり、巻き取ります。

これらをひとつの専用ラインとしてのが、左下の図のプレス加工ラインです。下型の上に製品が残る場合は、取り出し装置を使って取り出します。

プレス加工は多くの場合に製品と金型の間で摩擦が発生し、熱を発生したり焼き付きを起こします。これを防ぐため、金型に入る前の材料の表面または金型の中から工作油（潤滑油）を付けるため、潤滑装置と工作油も必要です。

また、異常が発生した場合、これを検出して機械を止めるセンサーも金型や機械に取り付けられています。

要点BOX
- ●プレス加工用機械と金型の関係
- ●材料の供給装置と金型
- ●製品やスクラップを取り出す装置と金型

プレス加工に必要な設備

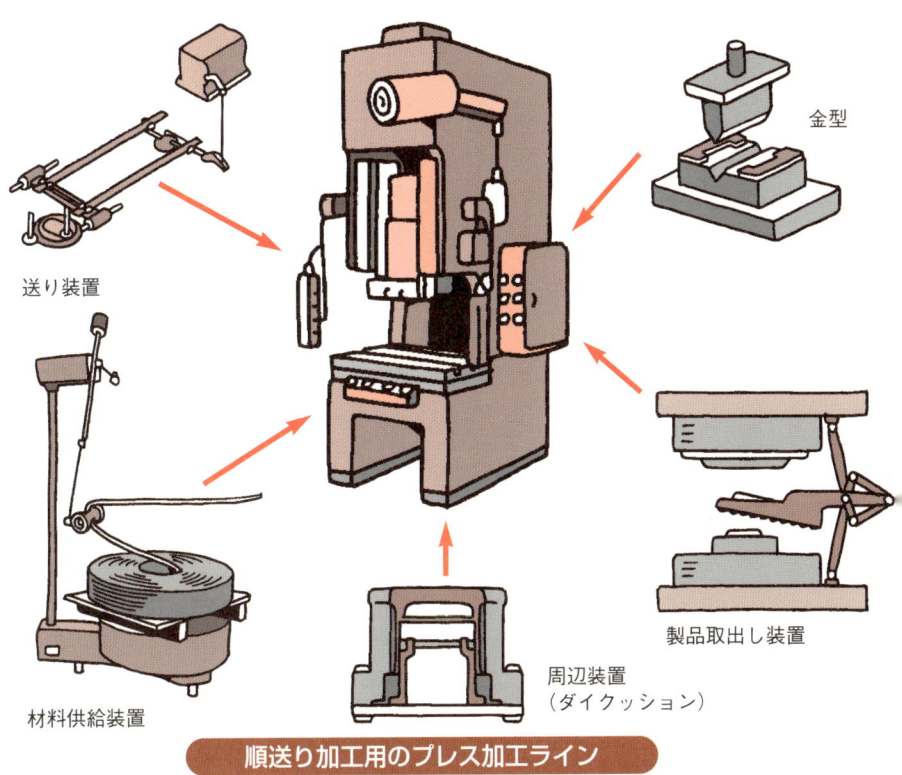

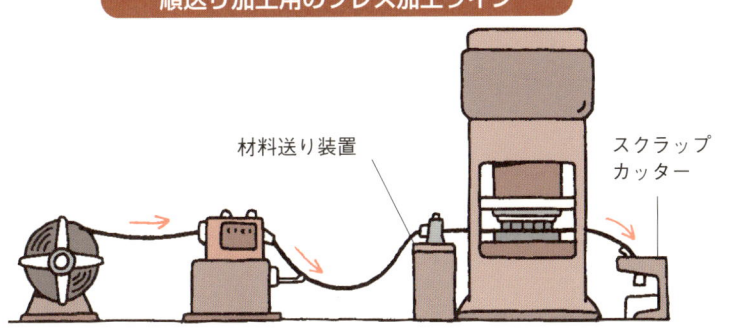

- 送り装置
- 金型
- 材料供給装置
- 周辺装置（ダイクッション）
- 製品取出し装置

順送り加工用のプレス加工ライン

- 材料送り装置
- スクラップカッター
- 材料供給装置
- 材料矯正装置
- プレス機械

用語解説

スライド：プレス機械の一部であり、上型を付けて上下に往復運動します。この往復運動で加工をします

アンコイラ：長い帯状の材料を巻き取って円筒状になった素材を内側の軸で受け、これを回転させながらほぐし、送り出す装置

ロールフィード：1対のロールの間で加工用の材料を挟み、ロール1方向のみに一定の角度で回転させ、材料を決められた量だけ送り出す装置

30 鍛造用金型の構造と特徴

鍛造用金型は、強くて頑丈

金属を加工する金型のうち、プレス加工用金型は大部分が薄い板を成形して製品を作ります。このため、出来上がった製品は複雑な形状をしていても、断面は薄い板のままです。

これに対して鍛造は金属の塊を潰して成形するため、加工後の製品も断面が厚く均一ではありません。金属に力を加えて押し潰しながら成形するため、非常に大きな力が必要になり、機械も金型もこれに耐えられる強度が必要です。

例えばダイはそのままでは加工中に割れてしまうため、補強リングで常に締め付けておきます。これは木の桶を締め付ける金属や竹の輪（たが）と同じです。パンチも細いと折れたり曲がってしまうため、加工する部分を除いて太く丈夫に作ります。

鍛造加工は、材料を高い温度に加熱する熱間鍛造、室温のまま加工をする冷間鍛造、およびこの中間の温度で加工をする温間鍛造があり、それぞれに金型が使われます。

鍛造に使われるのは大部分が鉄ですが、鉄は温度を高くするほど変形しやすくなるものの、加工精度は悪くなります。鍛造で作った製品は、同じ大きさや重さでも強度が高く、自動車などでは動力を伝える駆動部の部品、作業工具、重量物の運搬機器などに使われています。

型で鍛造する場合、密閉した状態では材料の逃げ場がなく、圧力が高くなりすぎて危険なので、金型の一部に隙間を付けて逃がすようにします。これがバリになるため、加工後にプレス加工で打ち抜いたり、切削加工で仕上げます。

鍛造加工は加工速度が遅いほど、加工が容易で金型および機械にかかる負担も少なくできます。このため、加工用の機械は、加工するときだけ速度を遅くできるナックル機構やサーボモータープレスが使われています。

要点BOX
- ●金型には非常に大きな力が加わる
- ●大きな力に耐える構造と材料
- ●密閉した状態での加工は危険

プレス加工と鍛造加工の違い

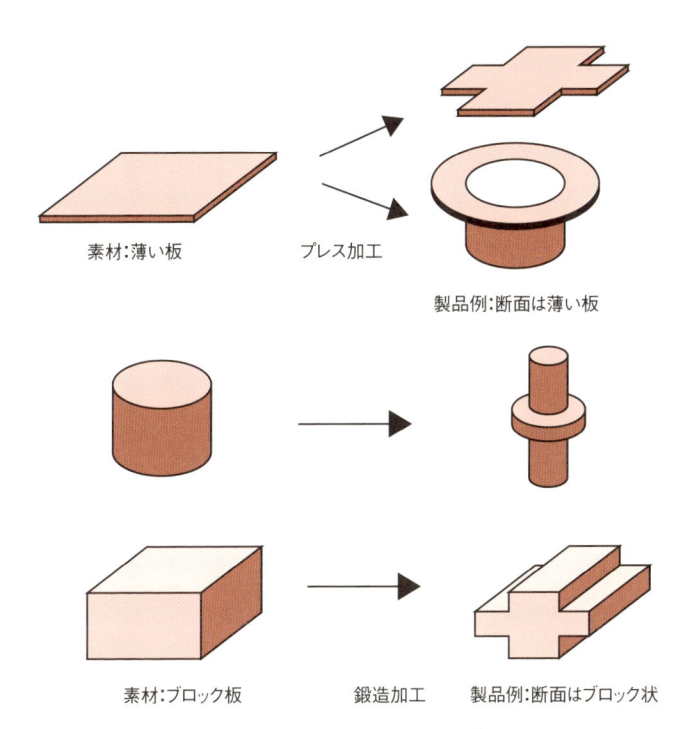

素材:薄い板 → プレス加工 → 製品例:断面は薄い板

素材:ブロック板 → 鍛造加工 → 製品例:断面はブロック状

冷間鍛造用金型

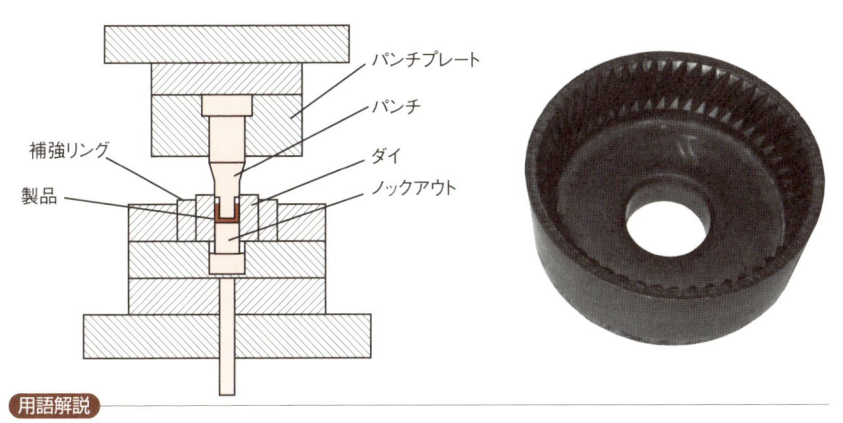

- パンチプレート
- パンチ
- 補強リング
- ダイ
- 製品
- ノックアウト

冷間鍛造型で作った製品の例

用語解説

サーボモータープレス：サーボモーターで駆動するプレス機械であり、加工速度を任意の位置で自由に制御できます

● 第3章　金型の種類と特徴

31 プラスチック成形用金型の機能と構造

溶かした材料を金型の中に押し込んで成形する

プラスチック成形用金型には、次のような機能が必要であり、そのための部品が組み込まれています。ほかのモールドもほぼ似たような機能と構造になっています。

① 製品を成形する

製品が容器状の場合、外側の成形部をキャビティ、内側の成形部をコアと言います。製品はキャビティとコアの間の空間に材料が流し込まれてできます。

② 材料を成形部へ流し込む

金型にランナおよびゲートという材料の流れる穴をあけたり、スプルーブッシュなどの筒状の部品を組み込みます。

③ 製品を金型の成形部から外す

製品に接触して突き出すエジェクタピン、それを作動させるエジェクタプレートなどがあります。プラスチック製品の裏を見ると、丸いピンの跡が残っていると思います。

④ 金型を冷やす

金型に穴をあけ、この中に冷却水を流します。穴には口金を付け、ホースまたはパイプでつなぎます。

⑤ 固定用の金型と可動用金型の位置を正しく保つ

金型の一方に棒状のガイドピンを付け、もう一方に筒状のブシュを付け、位置決めをします。

⑥ 成形機の正しい位置に固定する

円形のロケートリングで成形機とドッキングさせます。機械への固定は、ベースになる部分をボルトで固定します。

⑦ 凹凸のある製品の場合、金型部品を横方向に移動させる

斜めに取り付けた丸棒とスライドコアで移動させます。これはプレス金型のカムと同じ原理です。

要点BOX
- ●成形部まで流す通路が必要
- ●横や斜めに動く部品がある
- ●金型から製品を外す部品

プラスチック成形型

機械から材料を流し込む

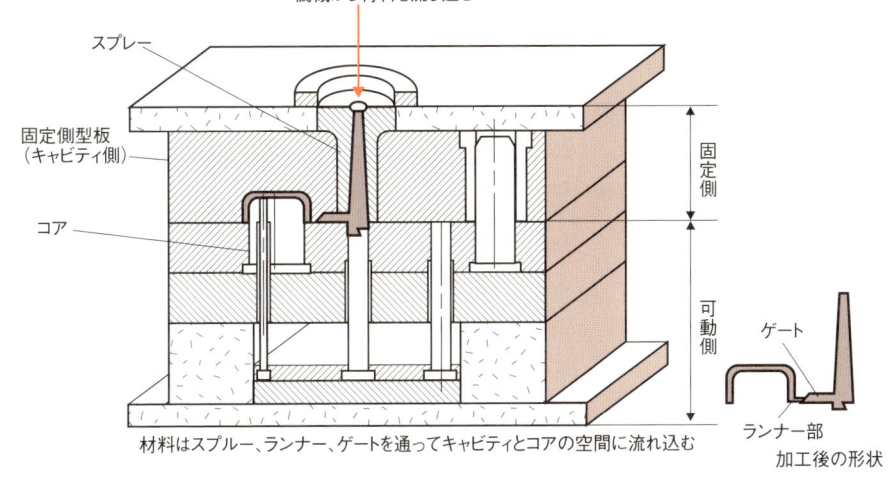

- スプルー
- 固定側型板（キャビティ側）
- コア
- 固定側
- 可動側
- ゲート
- ランナー部

加工後の形状

材料はスプルー、ランナー、ゲートを通ってキャビティとコアの空間に流れ込む

金型を開いた状態

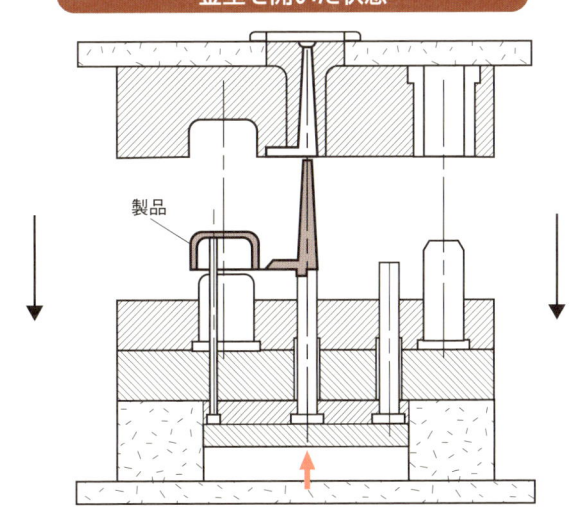

製品

プラスチック成形品の例

エジェクタピンで押してついた丸い跡

●第3章　金型の種類と特徴

32 プラスチックの射出成形と金型

射出成形機と金型の共同作業で製品を作る

プラスチックの成形はプラスチックを溶かして流し込む射出成形と粉を圧縮し熱を加えて固める圧縮成形などがあります。圧縮成形はごく一部に限られており、大部分が射出成形とその金型です。左図上は射出成形機とその構造です。

射出成形機は金型を縦方向に移動させる縦型と横方向に移動させる横型があります。

プレス機械と違い、大部分の機械は横型です。これは材料の投入から金型までの距離が長いと、加工後の製品を取り出しやすくするためです。

プラスチックと言ってもその種類は非常に多く、ポリエチレン、ポリ塩化ビニル、ポリスチレン、その他があります。これらの材料は、米粒よりやや大きい粒状に固めてあり、これをペレットと呼んでいます。この材料をホッパに蓄え、一定量ずつ送り込み、加熱させて油圧のラムまたはスクリュー（ねじ）で金型の中に押し込んでいます。

射出成形機の付属装置には、次のようなものがあります。

① 金型を冷やす冷却水の循環装置
② 供給前の材料を乾燥する乾燥機
③ ホッパに粒状の材料を供給する供給装置
④ 製品および金型の中に残った材料の取り出し装置
⑤ 製品の搬送装置
⑥ 製品以外の部分および不良品を細かく砕く粉砕装置

射出成形は機械および金型などを、加工に適した温度まで加熱するのに多くの時間とエネルギーを使います。このため加工をはじめたら24時間連続生産をするのが普通であり、無人状態での連続加工が必要です。このため金型にも高い信頼性が求められます。

要点BOX
- ●材料にもさまざまな種類がある
- ●金型の中で冷やして固める
- ●材料は機械で加熱し、金型で冷やす

射出成形機

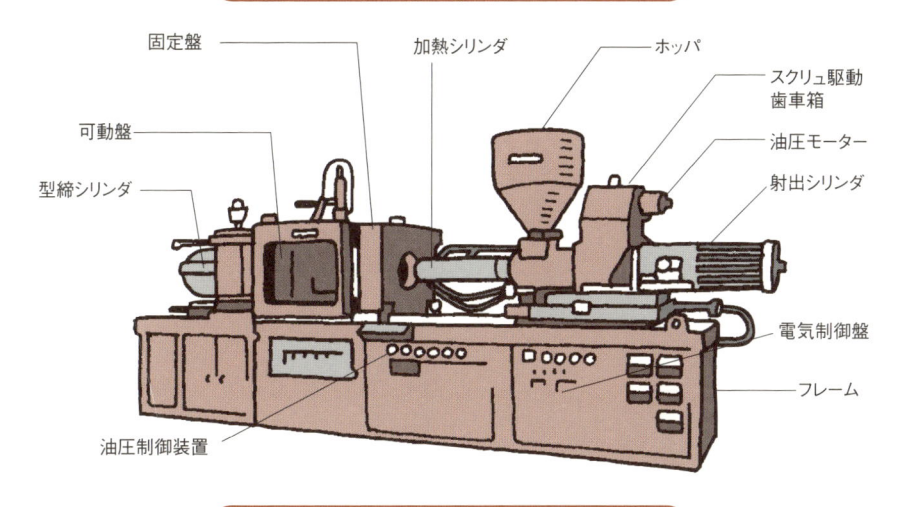

- 固定盤
- 加熱シリンダ
- ホッパ
- スクリュ駆動歯車箱
- 可動盤
- 油圧モーター
- 型締シリンダ
- 射出シリンダ
- 電気制御盤
- フレーム
- 油圧制御装置

射出成形機の構造

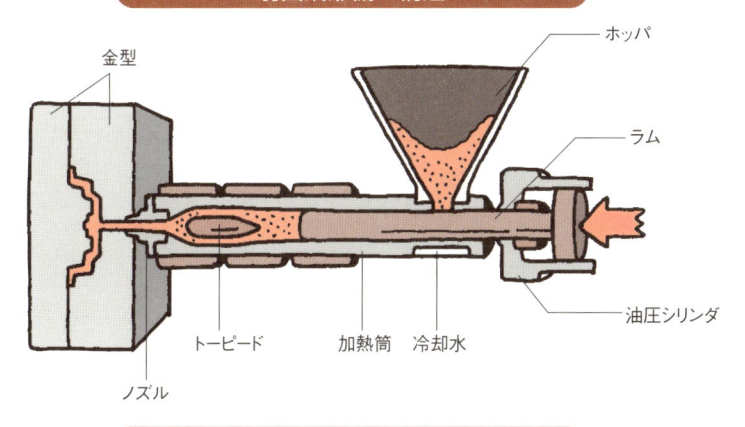

- 金型
- ホッパ
- ラム
- 油圧シリンダ
- トーピード
- 加熱筒
- 冷却水
- ノズル

型締め機構の例

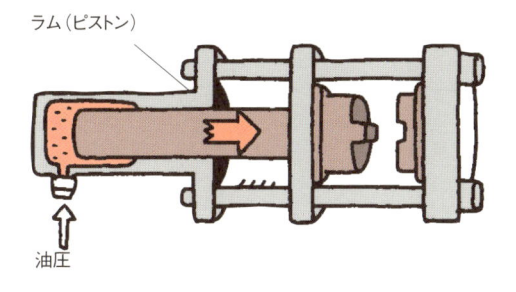

- ラム(ピストン)
- 油圧

● 第3章 金型の種類と特徴

33 ダイカストとダイカスト型

低い温度で溶ける金属材料を鋳造する

ダイカストは主としてアルミニウム、亜鉛、銅など、比較的低い温度で溶ける材料を金型に流し込んで鋳造する方法です。ダイカストという言葉の意味は、はじめのダイは金型で、後のカスト（キャスト）は鋳造という意味です。最近は自動車のエンジン本体（シリンダブロック）もアルミニウム製が多くなり、ダイカストで作られています。

ダイカストとその金型は、プラスチック用射出成形に似ていますが、次のような特徴があります。

① 製品の素材は金属である

金属を溶かす装置と金型を冷やす装置が必要であり、プラスチックに比べて金属は高い温度と圧力が必要であり、そのための装置と構造が重要になっています。

② 金型には湯だまりをつける

金型は材料を流し込む鋳込み口と反対の位置や、製品が薄くて材料が流れ込み難い部分に湯だまりをつけ、ここにも材料を流して溜めます。これにより酸化をしたり、冷やされて流れにくくなった部分を製品から取り除くことができ、製品本体の表面をきれいにできます。小さな製品や形状が簡単な場合は必要ありません。

③ 空気抜き

プラスチックの射出成形型以上に空気を抜くことに注意が必要です。

④ インサート成形と部品の保持

ダイカストで鋳造する材料と別な材質の部品を金型の中に差し込み、一体で成形する方法があります。この場合は金型内で部品を正しい位置に保持することが重要です。

⑤ トリミングまたはバリ取り

発生したバリおよび湯だまりの部分を切り取るため、プレス加工の抜き加工と湯だまりとほぼ同じ方法でトリミングしたり、グラインダなどでバリ取りをします。

要点BOX
- プラスチック成形型に似ている
- 不必要な部分を除く
- 金属を金型で冷やして固める

ダイカスト型の例

ここから材料を流し込む

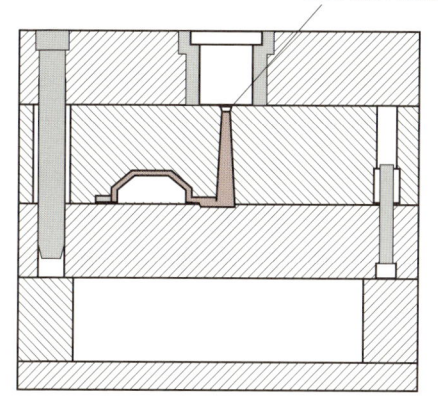

型から出た状態

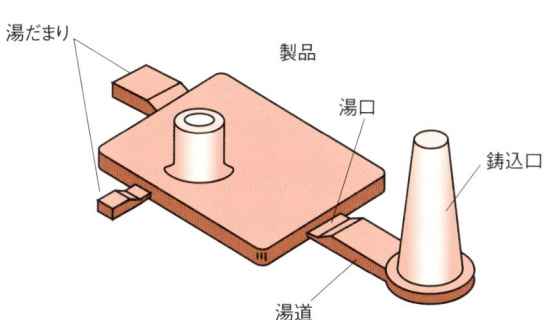

湯だまり / 製品 / 湯口 / 鋳込口 / 湯道

不要部分のトリミング

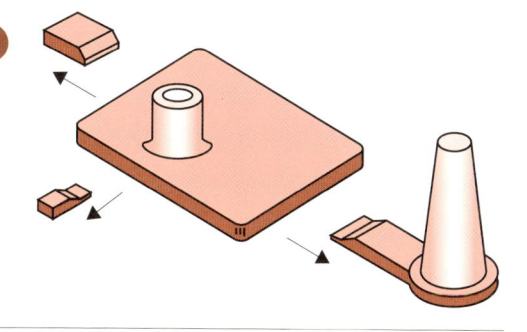

用語解説

ランナ：溶かした素材をキャビティまで導く通路であり、製品の形状、材質および一度に必要な量などで形や大きさを決めます

ゲート：加工後の製品と残った材料を分離しやくするための装置。製品の形状を作る部分の手前を狭くしたり、材料を遮断します

スプルーブシュ：射出成型機のノズルと金型を正しく接合するための部品であり、材料が漏れないようにします

● 第3章　金型の種類と特徴

34 ゴムの成形と金型

剛性ゴムを作るための装置と金型との役割

金型を利用したゴムの成形は古くから行われており、代表的なものは運動靴、その他の靴の底用でした。その後は自転車や自動車のタイヤなどが大きく発展しました。

ゴムは用途が広く業界もさまざまであり、加工の方法も金型もそれぞれの業界で固有のものがあります。主なものだけでも靴の底、電器製品の絶縁物、油や水漏れを防ぐパッキンおよびオイルシール、防震材、自動車用タイヤ、窓枠、その他があります。

ゴムの成形は次のような工程と設備で行われます。

① 加流とそのための装置

天然のゴムにさまざまな材料を加えて混ぜ合わせ、硬さ、耐摩耗性、その他の性質を向上させています。これを加流と言います。このときゴムの中に空気や発生したガスが製品に残ることが大きな問題です。

② 成形と金型

ゴムは流れにくく抵抗も大きいので、多くの穴から金型内に流し込む必要があります。また金型内に空気やガスが残っていると、その部分に材料が行かないので、空気の逃がし穴も多くあけます。

金型内に送り込む材料には空気やガスを含んでおり、この量を見込んで材料は多めに供給します。金型にはこのとき空気などと合わせて、余った材料を逃がすため、オーバーフロー用の溝を付けます。

③ バリ取り

ゴム型は金型の合わせ目に隙間ができやすく、ここにバリが発生します。このため多くの製品は成形後に、バリ取りが必要になります。

④ 接着または金具への組み込み

ゴム製品は金属部品に接着して使用するものが多くあり、これを金型の中で行う場合があります。

要点BOX
● 材料は流れにくい
● 製品はバリが出やすい
● 成形後も軟らかく、外しにくい

ゴム製品の代表選手のゴム長靴

ゴム成形用金型

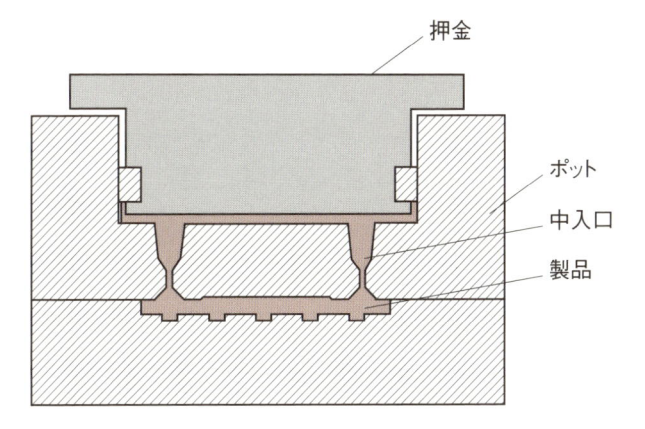

押金
ポット
中入口
製品

Column

金型は種類で大きく変わる

金型について本を書いたり、話をするのは意外に難しいものです。それは金型が種類によって特徴が大きく代わっているためです。

金型は、分け方によってさまざまに分類され、それによりイメージも変わっていきます。

生産する製品（部品）の業界で分けると、自動車関係、電器および電子関係、文房具および雑貨関係、その他に分類できます。

生産する製品の材料の種類で分けると、プレス金型（金属）、プラスチック、ガラス、ゴムなどがあり、それぞれ種類が分けられています。

製品の大きさによっても異なります。小物（ピンセットで摘むような小さなもの）から大物（両手でも持てない大きなもの）まであり、金型の大きさもそれによって大きく変わります。また、金型を使用して生産する機械や自動化の方法によっても金型の機能や構造が大きく変わります。

金型を作っている多くの企業や人も、金型の種類別に専門化されています。

果物といってもメロンと栗は作り方も食べた人の印象も全く違うのと同じです。

第4章

金型の製作工程

35 金型ができるまでの工程

金型はそのつど設計し、多くの工程を経て作られる

金型ができるまでの工程は、左の図のようになっています。

① 金型の製作指示
受注した金型の製作を指示します。製作指示書には金型の仕様、納期および原価目標などが記入してあります。

② 金型の構想と仕様の決定
金型の仕様が決まっていない場合、生産技術部門または金型設計部門で仕様を決めます。仕様の内容は、自動化の方法と金型の役割、生産速度および金型の寿命、金型を取り付ける機械の仕様に合わせることなどです。

③ 金型設計
金型設計の特徴は、ひとつの金型を作るためだけに設計をすることです。これは同じものをたくさん作る自動車などの一般の工業製品と違うところです。

④ 金型加工
金型は部品点数が多く、高精度を要求されます。金型部品も例外を除いてひとつのみの生産であり、ひとつずつ異なる加工が必要です。加工内容は刃物で削る切削加工、砥石で削る研削加工および電機エネルギーで加工する放電加工などです。

⑤ 金型の仕上げ・組立
金型の仕上げ・組立は「その他部門」と呼べるほど内容はさまざまであり、設計と専門的な機械加工を除くすべてを行います。主な内容は、金型部品の確認、みがき、機械加工後の金型部品の追加加工、金型部品の調整または修正、金型全体の組立などです。

⑥ 試し加工と評価
出来上がった金型は、生産用の機械に取り付け、材料を入れて試し加工（トライ）をします。試し加工の結果、具合が悪い場合は、修正をします。

要点BOX
● 金型は仕様に合わせて作られる
● 加工にはさまざまな機械が使われる
● 狭い中に多くの部品が詰まっている

金型製作の工程

工程	主な内容
製作の指示	
仕様書の作成	製品の品質 使用する機械加工用材料 生産条件
金型の設計	組立図の作成 金型部品図の作成 部品表その他の書類作成
材料、購入部品の手配	金型材料の手配 購入部品の手配
金型部品の機械加工	切削加工 研削加工 放電加工 その他の機械加工
仕上げ・組立	部品の確認 部品の手仕上げ加工 金型の組立
試し加工と調整	金型を機械に取付け、試し加工する サンプルの作成 製品の品質確認 不具合の調整および修正
完成・出荷	

金型の主な工程

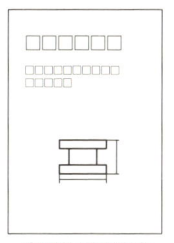

- 金型仕様の決定
- 金型設計 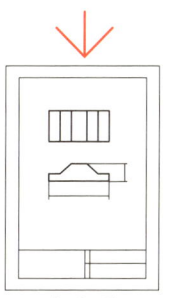
- 機械加工 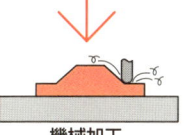
- 組立 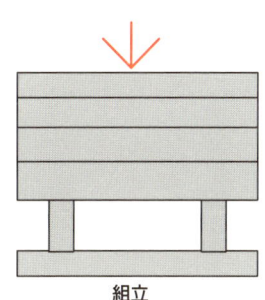
- 試し加工と製品の評価 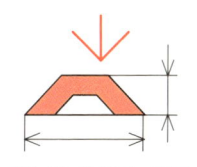

金型製作の特徴

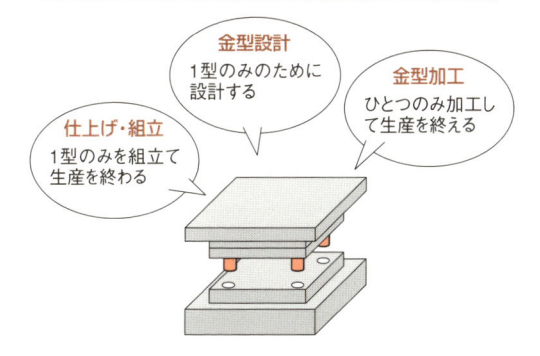

- **金型設計**：1型のみのために設計する
- **金型加工**：ひとつのみ加工して生産を終える
- **仕上げ・組立**：1型のみを組立て生産を終わる

36 金型に使われている材料

金型の中でも、直接製品を加工する部分の材料が金型材料として重要であり、次のようなものが使われています。

○プリハードンド鋼
ある程度の硬さと耐摩耗性があり、加工した面がきれい、熱処理が済んでいるので焼入れをせずにそのまま使えるなどの特徴があります。このためプラスチック成形用金型では最も多く使われています。プレス金型でも、少量生産用の成形部のほか、強度を必要とする部分にも使われています。

○合金工具鋼および高合金工具鋼
プレス加工用金型ではダイス鋼と呼ばれる合金工具鋼が多く使われています。ダイス鋼は硬さと耐摩耗性にすぐれ、そのうえ焼入れおよびその後の加工時での変形が少ないなどのすぐれた特徴があります。

○焼入れのできるステンレス鋼
プラスチック成形型は、成形時に腐食ガスで錆びるのを防ぐため、ステンレス系の鋼材が使われています。

○鋳鉄および鋳鋼
鋳鉄は大きくて複雑な形状ができる、切削加工が容易、金属と焼付きにくいなどの性質があります。このため、自動車のボディなどを加工する大きなプレス用金型には鋳鉄または鋳鋼が多く使われています。パンチおよびダイは金型本体と一体で作られます。

○高速度工具鋼（ハイスおよび粉末ハイス）
高速度工具鋼は、特に耐摩耗性および靱性（ねばり）が必要な細い部品などに使われています。

○超硬合金
非常に硬い炭化タングステンの細かな粒をコバルトで焼き固めたものであり、耐摩耗性にすぐれています。このため、高精度で多量に生産する金型には広く使われています。

金型に使われる材料は特殊鋼が多い

要点BOX
●材質によって耐摩耗性は大きく変わる
●各部品によって材質を変える
●焼入れ・焼戻しをするものが多い

材料の種類と加工工程

材料の種類	材料のメーカー	金型を製作する企業
プリハードンド鋼	素材 → 熱処理炉	購入 → 加工完了
合金工具鋼 高合金工具鋼 高速度鋼 焼入れのできる ステンレス鋼	素材	購入 → 粗加工 → 熱処理炉（焼入れ・焼戻し） → 仕上げ加工
超硬合金	材料の粉を固める → 炉で焼き固める（熱処理炉）	加工業者または金型製作企業で機械加工

高合金鋼（SKD11）の成分

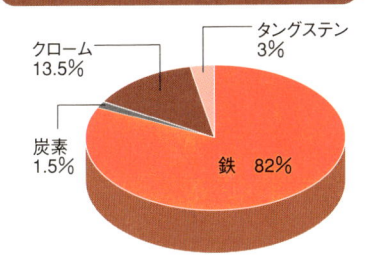

- クローム 13.5%
- タングステン 3%
- 炭素 1.5%
- 鉄 82%

一般の鋼に焼入れをした場合

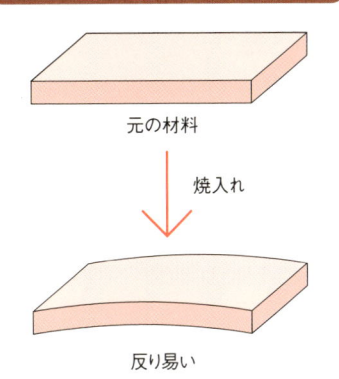

元の材料 → 焼入れ → 反り易い

一般の鋼は焼入れをすると反りや変形が大きい
ダイス鋼はこれが少ない

用語解説

ダイス鋼：鋼に炭素のほかにクロームなどを多く配合し、焼入れ性および耐摩耗性を高めた特殊鋼
鋳鉄：一般に鋳物の材料として知られており、鋼に比べて炭素の量が多く、鋳造および切削加工が容易な材料

● 第4章 金型の製作工程

37 金型を作るための機械

「機械を作る機械」と言われる工作機械で加工をする

金型を加工するには高精度な機械が必要であり、機械を作る機械といわれる工作機械が使われます。金型加工用の工作機械には次の2種類があります。

1. マニュアル工作機械

作業者がハンドルなどを回して刃物やテーブルを動かして加工をする機械です。

切削機械ではドリルで穴をあけるボール盤、工作物を回転させて丸いものを削る旋盤、いろいろな刃物でさまざまな形状の加工をするフライス盤などがあります。砥石で削る研削盤には、平面を加工する平面研削盤、高精度な穴加工用のジググラインダ、その他があります。

加工した金型部品の加工精度は、機械を操作する人の腕によって決まります。

2. NC工作機械

現在の金型加工の主流は、NC工作機械です。NCは数値制御の略であり、コンピュータで作成したデータのとおり、自動で正確に加工をします。三次元の形状も形状情報どおりに加工できます。ほとんどの工作機械はNC化されていますが、金型製作では次の2つが圧倒的に多く使われています。

① マシニングセンタ

マシニングセンタは多くの刃物を保管しており、この中から必要な刃物を選び、自動で交換をします。またNCデータにしたがって、刃物およびテーブルの移動を行います。このため大部分の切削加工を1台で連続的に加工できます。

② 放電加工機

水や油の中で電極と工作物の間に微少な放電をさせ、工作物の一部を溶かして吹き飛ばしながら加工をします。標準の電極や細いワイヤーを使ってNCデータどおりに自動で加工できます。

焼入れをした後の硬い材料も焼入れをしないものと同じように加工することができます。

要点BOX
- 加工は切削加工のほか、研削加工や放電加工もある
- NC工作機械が中心である

ジググラインダでの加工

ジググラインダ

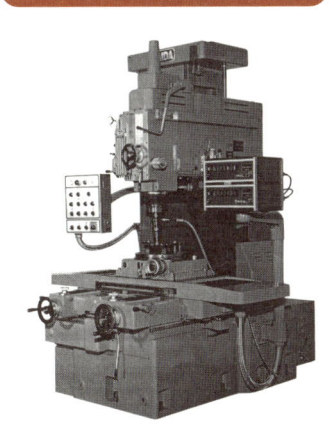

マシニングセンタと切削の状態

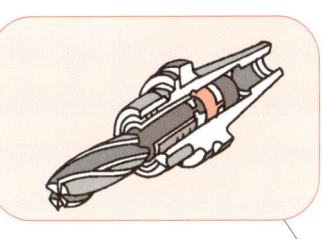

交換用刃物

ここへ付ける（自動で交換）

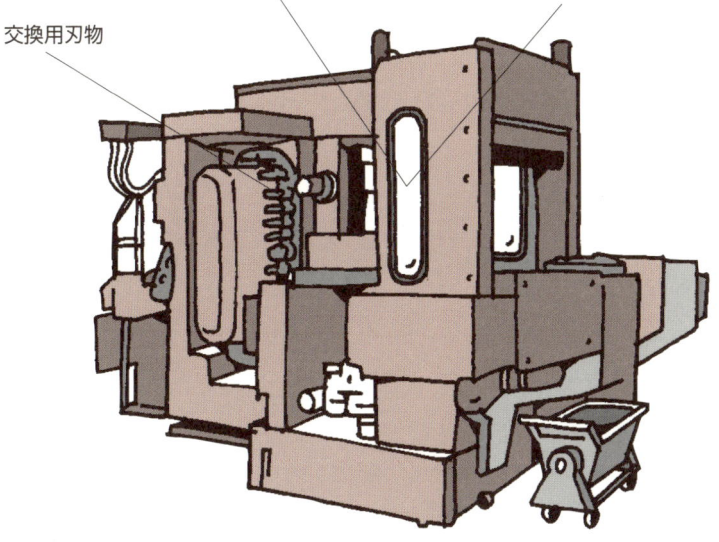

主軸（ここで削る）

38 市販されている金型用の部品

金型部品には購入して使うものが多くある

金型には多くの部品が組み込まれていますが、その中には市販されているものも多くあります。昔は大部分の部品を社内で素材から加工していましたが、市販されている部品の種類が増え、使用量も増えています。市販されている部品を利用することで、企業内の機械の種類を少なくでき、人も必要な加工のみに集中できます。

金型用の標準部品には次のものがあります。

1. 完成品をそのまま使うもの

日本工業規格（JIS）またはメーカーのカタログなどに載っている標準部品であり、完成品をそのまま購入して使用します。

各種のボルト、コイルばね、ガイドポストとブシュ、ダウエルピン（2つの部品の位置を決めるための平行ピン）、その他があります。

2. 途中まで加工してあるものに追加の加工をして使うもの

   ① 平板部品

   六面を標準の寸法に合わせて加工をした平板であり、これを購入して形状加工および穴あけを行います。

   ② 製品によって異なる丸パンチ、コアーピン、その他

   焼入れ後、共通部分のみを仕上げておき、刃先などの特殊な寸法のみを追加で加工をします。これにより、前加工および熱処理などを省略し、仕上げ加工のみで完成します。追加の加工を標準部品メーカーに依頼して、完成品を購入する例も多くあります。

3. 特別注文品

金型部品の図面で発注すると、そのとおりに仕上げた完成品が納入されます。特殊な機械が必要なとき、生産が間に合わない場合などのとき、専門の加工業者に加工依頼をします。標準部品を販売する企業の多くは、特別注文にも対応しています。

要点BOX
- ●完成品をそのまま使う部品
- ●途中まで加工の済んだ部品
- ●特別注文品

購入してそのまま使用するガイドポストユニット

金型部品の日本工業規格（JIS）の例

標準部品を追加加工する例

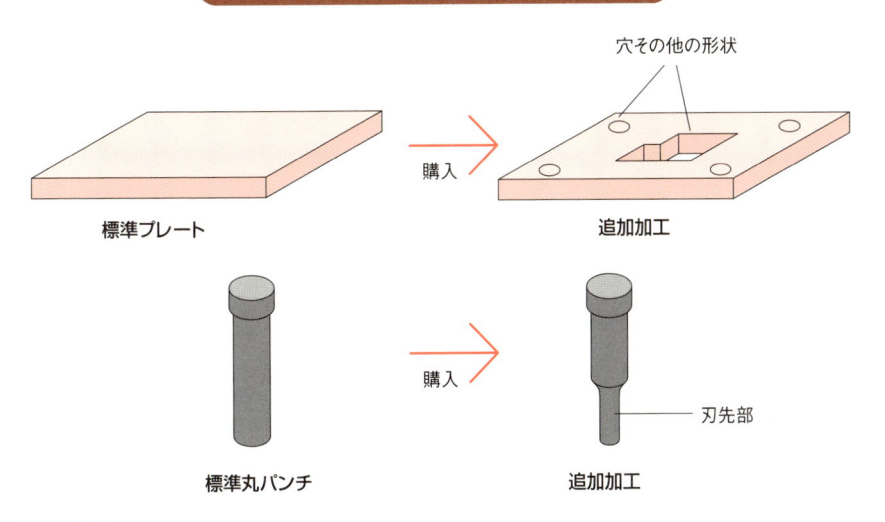

標準プレート　→　購入　→　追加加工（穴その他の形状）

標準丸パンチ　→　購入　→　追加加工（刃先部）

用語解説

コイルばね：細くて長い材料を螺旋状に巻いたばねであり、ばねでは最も広く使われています。ばねにはこのほかに板ばね、皿ばねなどがあります

●第4章　金型の製作工程

39 金型を作るためのコンピュータシステム

現在の金型製作は次のようなコンピュータシステムが使われています。

① CAD（キャド）

コンピュータを利用した設計システムであり、次のようなことができます。

○図面を書く

三角定規や製図器の代わりにコンピュータに数値その他を入力して図面を描きます。小さな円や角度もキーで入力するだけできれいに描けるため、図面を書くための技能はいりません。複雑な三次元の形状もデータにすることができます。

金型の強度、製品の不具合の発生状況などに対してシミュレーションができるものもあります。

② CAM（キャム）

コンピュータで動く機械（NC工作機械）用の加工データを作り、これらの機械を制御するシステムです。刃物の回転数、位置および形状など、あらゆる条件を設定し、これのコントロール方法を指定します。三次元の複雑な曲線も、機械が正確に再現できるようになり、金型の加工精度は飛躍的に向上しました。

③ CAD／CAM（キャド／キャム）

CADとCAMをひとつのシステムにつなげたものであり、設計と同時に加工データを作り、NC工作機械で加工することができます。これにより加工データを作る時間の短縮、入力ミスを少なくするなどが可能です。

金型部品の加工は、ひとつのみを加工するためNC工作機械はメリットがないと思われていましたが、これらのシステムの普及で大活躍をしています。

④ 生産管理システム

部品点数が多く、加工工程もさまざまな金型の管理には膨大な情報の処理が必要であり、コンピュータを利用した生産管理が増えています。

> 設計にも機械加工にもコンピュータが使われている

要点BOX
- ●金型設計用のCAD
- ●機械加工用のCAM
- ●CADとCAMを一体化したCAD／CAM

CADに必要な装置

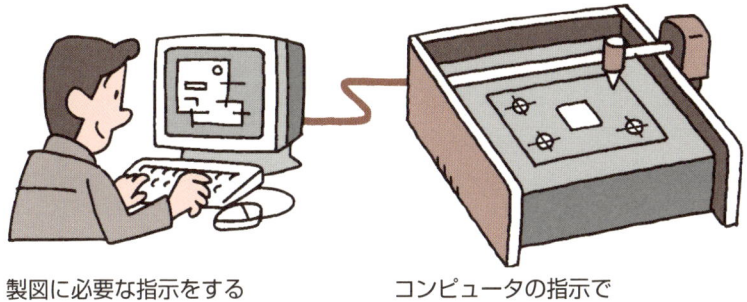

製図に必要な指示をする
パソコン

コンピュータの指示で
図面を自動的に書くプロッター

CAD/CAMは設計から直接NC工作機械での加工を指示できる

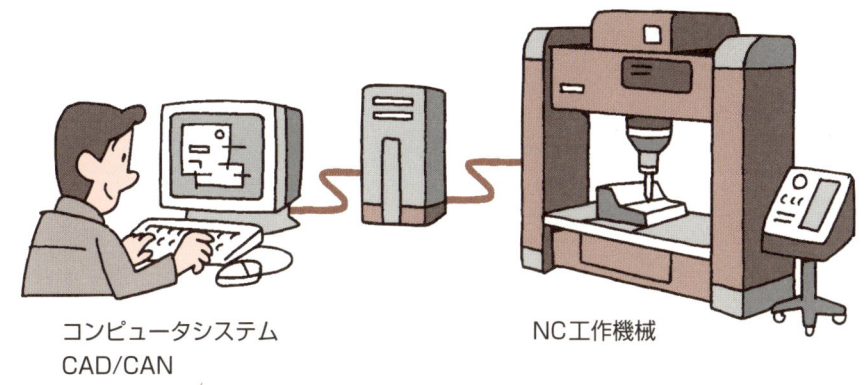

コンピュータシステム
CAD/CAN

NC工作機械

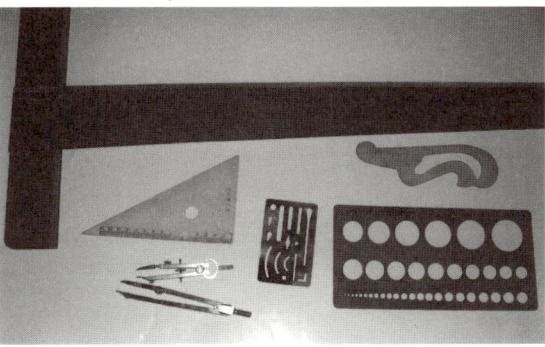

CADでの設計ではこのような製図道具は不要

用語解説

ガイドポストとブシュ：丸い棒状の部品の外側を円筒状の部品を滑らせ往復する部品の位置を保つ。棒状の部品をガイドポスト、筒状の部品をガイドブシュといいます

Column

金型作りは素晴らしい

金型は取っつきにくいように思われていますが、知れば知るほど魅力が増し、面白くなります。

筆者はモノづくりが大好きですが、生まれつき不器用で気が短く、同じような練習をくり返すことが苦手です。

工業学校での機械実習や手仕上げも出来映えには自分でもがっかりしたものでした。しかし、機械実習の中でプレス加工をしたとき、ほかの人と全く同じようなものが簡単にできました。

その秘密が金型にあることを知り、私の生きる道は金型以外にないと考えたのです。しかし、金型を使えば誰でも簡単に複雑なものができますが、金型がなくては話になりません。それどころか話は全く逆で、金型を作るには、高度な経験と熟練が必要であり、それは職人さんの世界でした。

技術も他人には教えない、盗んで覚えろということでした。現在は幸いなことに、次々と新しい機械やコンピュータシステムなどが生まれ、経験や腕（熟練）の替わりをしてくれるようになりました。

金型関係の専門図書もたくさん出版されています。

金型製作はモノづくりの魅力に溢れています。今は金型製作が好きなら、誰でも経験や熟練、手先の器用さなどを気にせず、金型作りに参加できるようになりました。

第5章

金型設計

● 第5章 金型設計

40 金型の仕様の決定

金型は仕様に合わせて作られる

金型を作る場合、次の条件を満たしている必要があります。

① 金型で生産した製品が良品であること
金型で生産した製品が良品でなければ、その金型は使えません。精度の高い製品には高精度の金型構造と加工方法が必要です。

② 加工する機械に取り付けて生産ができること
機械の大きさや取り付ける条件に合わせて、金型の高さ、大きさおよび取り付ける部分の寸法構造などを決めます。

③ 予定した生産どおりの生産ができること
金型で加工するときはどのような方法で生産をするのか、一度にいくつの製品を加工するか、加工速度はどの程度かで、金型の機能、構造、その他が変わります。

④ 金型の寿命
生産の途中で寿命がきてしまうと、もう一度作る必要があります。金型の寿命によって型の構造、金型部品の材質および加工方法などが変わります。

⑤ 生産中にトラブルのないこと
自動で生産できること、加工速度が指定どおりであること。仕様の内容が間違っていると、出来上がっても顧客に使ってもらえません。そのために調整や修正を繰り返したり、改造や作り直す場合もあります。

仕様書の作成は製品の特徴と必要なポイント、使用する機械、金型を使う人の要望、過去の類似金型でのトラブルの事例、金型費などを確認します。この仕様書を見て、金型設計者は完成したときの金型のイメージをまとめます。仕様の決定は顧客の要望を聞き、生産技術部または金型設計部門で決めます。

要点BOX
- ●金型は製品の規格に合わせる
- ●生産する機械の仕様に合わせる
- ●金型の構造は仕様で変わる

製品図には公差が入っている

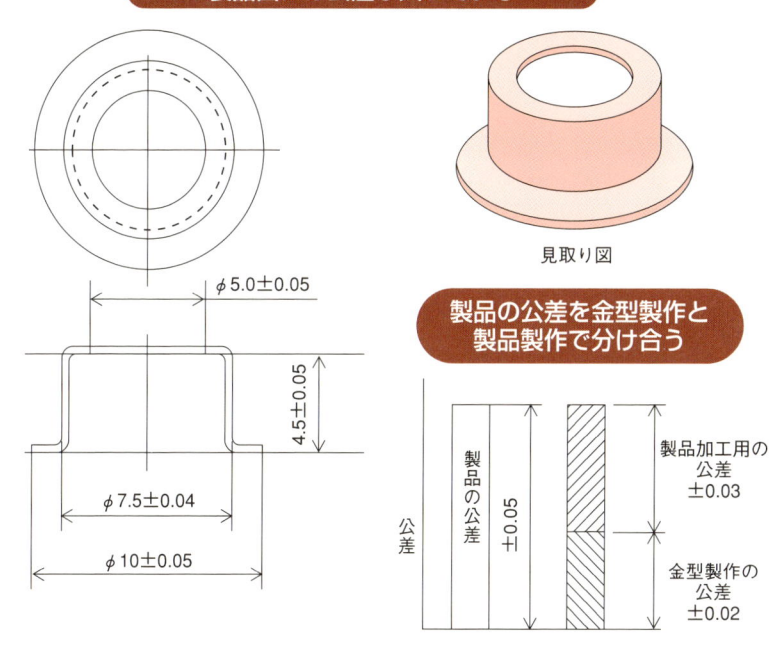

見取り図

φ5.0±0.05
4.5±0.05
φ7.5±0.04
φ10±0.05

製品の公差を金型製作と製品製作で分け合う

公差
製品の公差 ±0.05
製品加工用の公差 ±0.03
金型製作の公差 ±0.02

プレス機械と金型の仕様を合わせる例

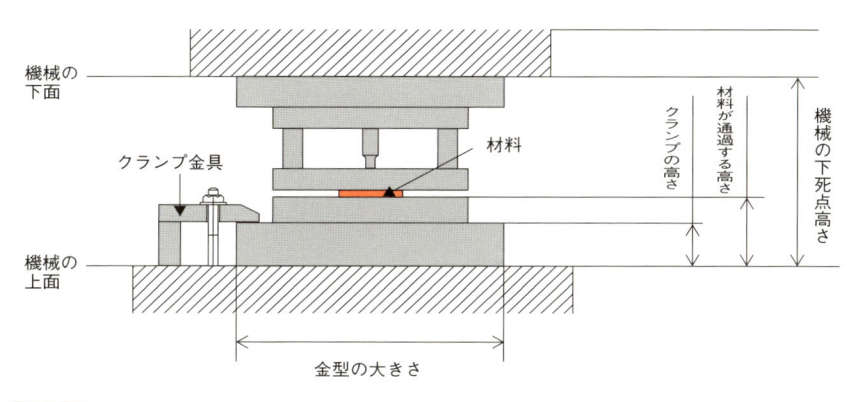

機械の下面
クランプ金具
機械の上面
材料
クランプの高さ
材料が通過する高さ
機械の下死点高さ
金型の大きさ

（用語解説）

NC工作機械：NCはNumerical Controlの略であり、日本語では数値制御と言われています。機械を動かすための言語（プログラム）で指示をすると指示されたとおりに動きます
展開図：プレス加工は三次元でできていますが、これを1枚の板から作ります。このため製品図から板の状態の形状を求めることを展開計算と言い、図面を展開図と言います

● 第5章　金型設計

41 金型設計の内容と手順

金型の種類とCADの使い方

金型設計の内容と手順、図面の内容などは、金型の種類、各企業の金型の作り方、後工程で必要な情報の内容などで各社ごとに少しずつ違っています。

① 製品図の検討
製品の形状および寸法公差などをみて、問題点および注意点を確認します。

② 製品図の入力
製品の形状および寸法をCADに入力します。

③ アレンジとアレンジ図の作成
金型で加工した製品は、全く金型と同じにはなりません。
金属の場合は形状が少し元に戻り、プラスチック成形などの場合は収縮して、金型より小さくなります。これらを見込んで、製品がちょうどよい形状と寸法になるように、金型を少し変えて作ります。これをアレンジといい、図面をアレンジ図といいます。

④ 展開図の作成
プレス金型の場合は、平らな板を加工するため、加工前の平らなときの形状を作ります。

⑤ レイアウト図の作成
一度の加工で最終形状にできない場合は、途中工程の製品形状を金型設計者が作ります。これをレイアウト設計といい、プレス用金型および鍛造用金型では最も重要です。
モールドの場合は④と⑤の工程はいりません。

⑥ 組立図の作成
断面図と平面図を作成します。一般に断面図は加工をしているときの組み合わせた状態で表します。平面図は、加工部分が見やすいように開いた状態で別々に作成します。

⑦ 部品図の作成
部品図はひとつの部品ごとに1枚作ります。組立図の中に番号を入れ、この番号が部品番号になります。

要点BOX
● 製品の寸法と金型の寸法
● 組立図と部品図
● 途中工程の製品形状を作る

プレス加工品のレイアウト図の作成

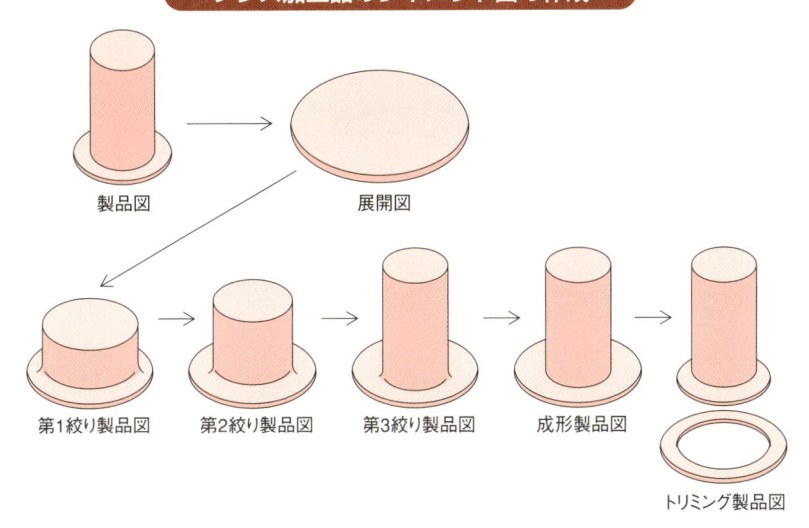

製品図 → 展開図

第1絞り製品図 → 第2絞り製品図 → 第3絞り製品図 → 成形製品図 → トリミング製品図

プレス加工製品のアレンジ

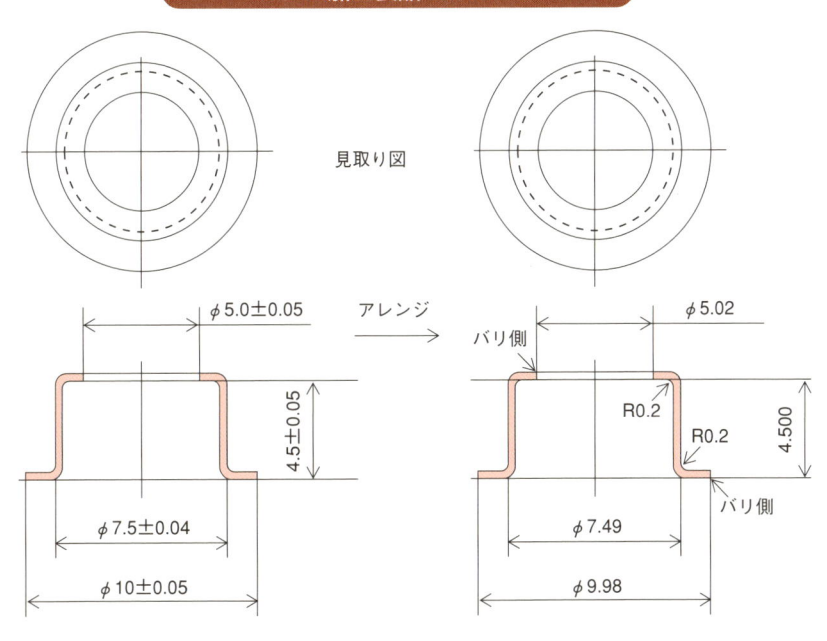

見取り図

アレンジ →

$\phi 5.0 \pm 0.05$
4.5 ± 0.05
$\phi 7.5 \pm 0.04$
$\phi 10 \pm 0.05$

$\phi 5.02$
バリ側
R0.2
R0.2
4.500
バリ側
$\phi 7.49$
$\phi 9.98$

用語解説

<u>アレンジ</u>：製品図など基準になる形状および寸法を金型製作用に変える作業。製品と金型は厳密な意味で同じではなく、少し変えて作る場合が多い

42 金型図面の書き方と見方

金型は投影法の三角法で書く

金型図面は原則として、機械関係の図面を書くルールにしたがって書きます。

形状を表す方法は、投影法の三角法と呼ばれている方法です。これは、ひとつのものを上から見たときの形を上に、横（前）から見たときの形を後ろに書き、この2つを組み合わせて表現します。

たとえば、図1のような二段になっているものの場合は、図2のように表します。

上から見た形を表したものを平面図、前方（側面）から見た形を表したものを正面図といいます。左右方向から見た形状も必要な場合は、側面図を追加します。下から覗いた平面図を作る場合もあります。

逆に図面を見る人は、図2の2つの図を組み合わせ、1つの立体的な形状を頭の中で作り上げます。

立体的なものははじめから、図1のように書けば分かりやすいのに、このようなややこしくて面倒なことをするのは次の理由からです。

① 図1の図面（見取り図）では、実際の大きさが分からない。
② 寸法を入れにくい。
③ 見えない部分が多すぎる（約半分は見えない）。
④ 斜めの線が多いため書きにくく、角度がある部分が分かりにくい。
⑤ 実際にはない形状を、見取り図に表すのが難しい。

投影図はこれらを解消できます。

三次元CADで両方の形状を自由に表現できるようになっていますが、基本は投影図です。

三角法の投影図が読めるようになると、機械関係だけでなく、自動車、航空機、電機製品、その他の図面も読めるようになります。

図面には、金型の名称、金型の製作番号、縮尺（図面で表す大きさ）、設計した日時などを記入します。

要点BOX
● 平面図と正面図の組み合わせ
● その他の面も示す
● 正面図は断面図で表す

図1 投影図の原理

上から見た図が平面図
90度起こす
透明な板
前から見た図が正面図
実物
正面図

図2 三角法による投影図

平面図

正面図

側面図を加えた例

平面図

側面図　正面図　側面図

投影図をみて物を想像する

平面図

正面図

図面
（三角法による投影図）

組み合わせる

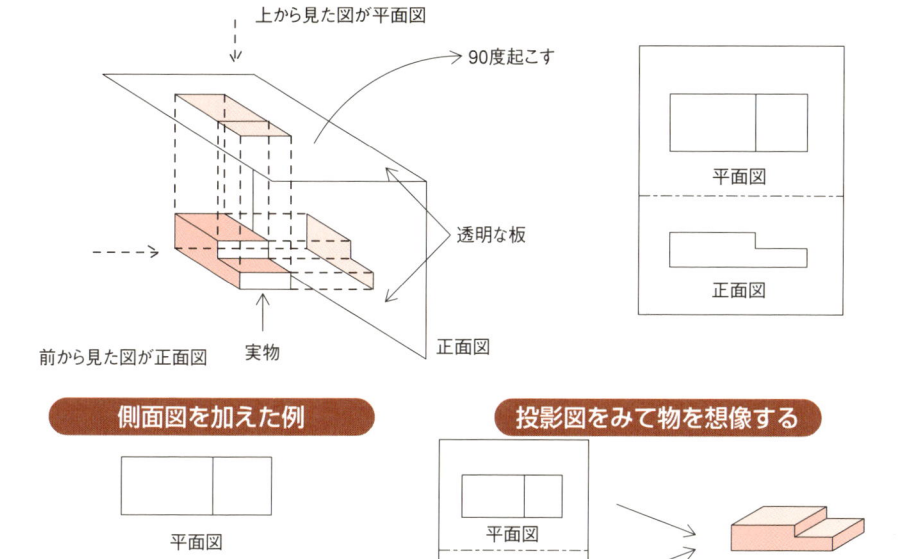

頭の中で
イメージする

三次元CADでは三次元形状のまま角度を変えて表現できる

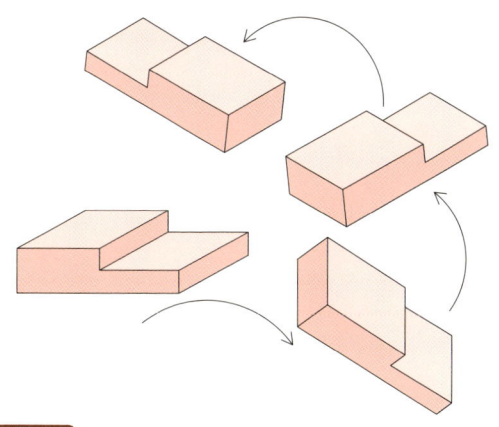

用語解説

三角法：空間を十の字で区切り、物体を右上に置いて2つの面に描く方法を一角法、左下にして描く方法を三角法といいます。図面の書き方には一角法も用いられますが、機械関係では三角法を用います

●第5章 金型設計

43 コンピュータで図面を書く

CADを使えば、製図道具は必要ない

現在の金型設計ではCADというソフトウエアを使ってコンピュータで図面を書いています。このソフトウエアは、製図をするだけの簡単なものから、設計に必要な計算をしたり、シミュレーションをするものまでさまざまなものが市販されています。

「金型設計用」として作られたものは、金型設計専用の手続きとデータが揃っています。図形を書くのは、図形を部分ごとの点、直線および円、線の種類などに文字および数値、矢印、記号、ハッチング(斜線)など、製図上の必要事項を追加します。

これに文字および数値、矢印、記号、ハッチング(斜線)など、製図上の必要事項を追加します。

手で図面を描く場合は、きれいに書くための技能が必要です。例えば定規とコンパスを使って円弧と直線をつなぐ目が分からないように描く、コンパスで直径が非常に小さな円を書く、鉛筆の芯の太さと手で押しつける強さを加減して線の太さや濃さを変えずに書くなどです。

CADでは自動的にコーナーに円弧を付けたり、円と直線をつなぐことができ、線の太さも指定したとおりで変化しません。類似の図形や金型図面を利用する場合は、データベースから呼び出してそのまま使うことができます。

例えば、ボルトは図のように書きますが、1本ずつ多くの線や円を書く必要はなく、データを呼び出してはめ込むだけで終わります。また、組立図を分解して自動的にそれぞれの部品図にすることもできます。

さらに図形を別な場所に移動したりコピーする、図形の大きさを変える(拡大および縮小)なども簡単にできます。

CADで作ったコンピュータの中の図面は、プロッターで紙に印刷した図面を作ったり、データをCAMなどのほかのコンピュータに転送します。

要点BOX
●点、直線、円などを指定すればよい
●図形の移動、削除その他が簡単にできる
●プリンターで簡単に印刷できる

線の太さと種類はメニューから選べばよい

線の太さ	細い線	───────
	中間の線	───────
	太い線	───────
線の種類	実線	───────
	点線	- - - - - -
	一点鎖線	─・─・─・─
	二点鎖線	─‥─‥─

図面を手で書く場合	CADを手で書く場合
直線と円弧が合いにくい	ずれない
線の太さや濃さが途中で変わる	いつも一定の太さと濃さを保つ
長さや角度が揃いにくい	指定どおりの長さと角度を保つ
コンパスの芯がずれて真円になりにくい	芯がずれることはない

登録したデータを使えば、出来上がった図面をそのまま使える

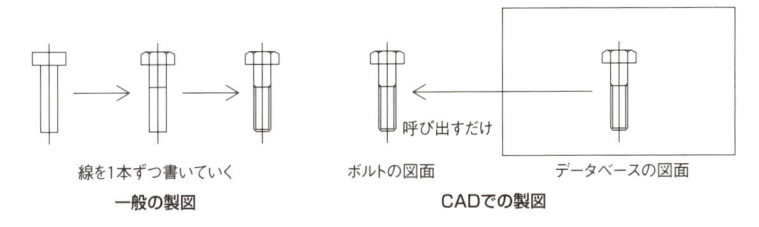

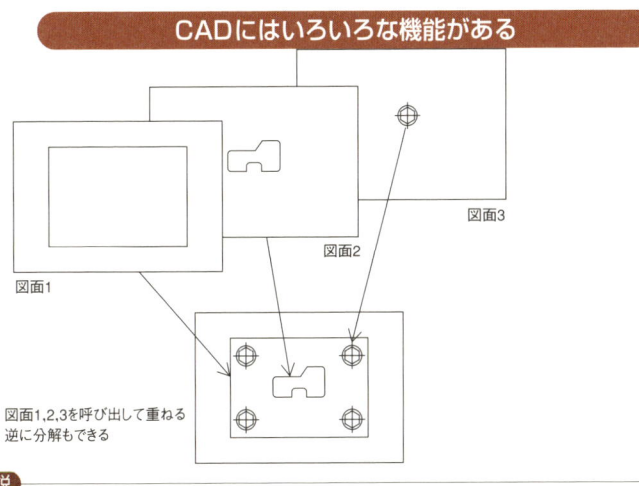

線を1本ずつ書いていく
一般の製図

ボルトの図面　データベースの図面
呼び出すだけ
CADでの製図

CADにはいろいろな機能がある

図面1
図面2
図面3

図面1,2,3を呼び出して重ねる
逆に分解もできる

用語解説

データベース：コンピュータの内部のメモリーに記憶させた資料であり、必要に応じてこれを呼び出して使います。人間の記憶や知識に相当します

● 第5章　金型設計

44 CADで金型図面を書く例

設計のポイントは、データベースの活用

コンピュータを利用したCADで金型の図面を書く場合、コンピュータは一般のパソコンが使えますが、専用のソフトウエアが必要です。

金型設計用のCADのソフトウエアは大きく分けて次の2つがあります。

① 汎用のソフトウエアを利用する方法

これは一般の設計および製図を目的としたものであり、金型設計には機械製図のソフトウエアを持つものが使われます。

② 金型設計を目的とした専用のソフトウエアを持つもの

これは主に金型を設計することを目的としたCADであり、金型の設計手順にしたがって設計ができるようになっており、金型設計に必要な基本的なデータも揃っています。

CADを利用した設計で最も進んだ方法は、ユニットを組み合わせる方法です。ユニット設計は、ユニットを組み合わせると金型全体になり、金型を分解するとユニットになると考えます。

このユニットをさらに分解すると個々の金型部品になります。逆に個々の部品を組み合わせたものがユニットだといえます。

ユニットは、金型全体の本体になる全体ユニットと個々の機能ごとにまとめたサブユニットがあります。

金型の設計は全体ユニットにサブユニットを組み合わせれば組立図が出来上がります。あとはこの組立図を自動的に分解すれば部品図ができ、CAD/CAMというソフトウエアを使えばNC工作機械で加工するための加工データも揃います。

CADでの金型設計は、このユニットを組み合わせる方法で飛躍的に設計時間を短縮し、経験の少ない人でも間違いのない設計ができるようになりました。

要点BOX
- パソコンで金型設計ができる
- データベースを使わない設計法
- 金型のユニットを組み合わせた設計法

CADで図面を書く例

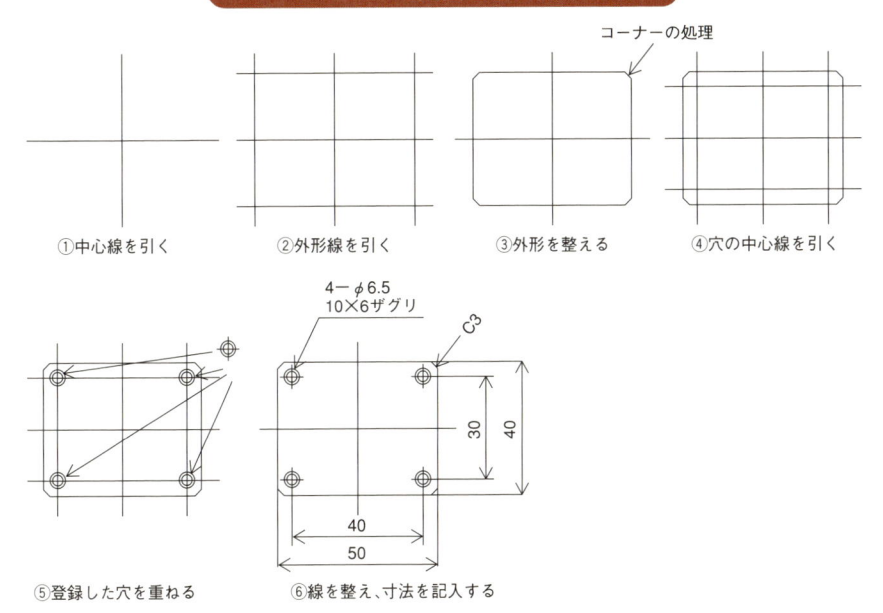

①中心線を引く ②外形線を引く ③外形を整える ④穴の中心線を引く

コーナーの処理

4−φ6.5
10×6ザグリ
C3
30
40
40
50

⑤登録した穴を重ねる ⑥線を整え、寸法を記入する

全体ユニットにサブユニットを組み合わせた例

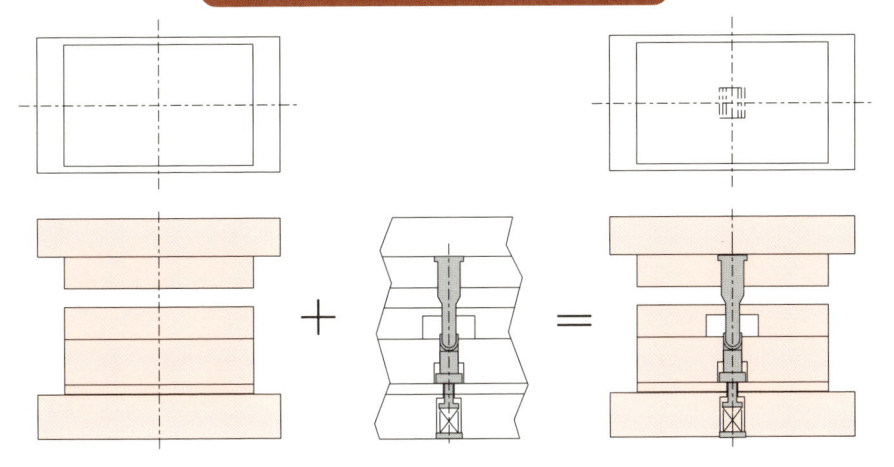

+ =

用語解説

CAD：Computer Aided Design　コンピュータを利用した設計であり、製図を中心にした簡易的なものから、シミュレーションなどを行う高度なものまであります

● 第5章 金型設計

45 組立図の作成

平面図と断面図の表現の方法

組立図は金型全体の構造を示し、それぞれの部品がどのように組み込まれているかを示したものです。したがって、すべての部品がどの位置に、どのように組み込まれているかが分からなければなりません。

組立図は一般に次の2つで表します。

① 平面図

金型は上型（プラスチック型は固定側）と下型（同可動側）があり、その合わさる部分で加工をします。このため、この面が重要なので、開いた状態で別に示すように、実線ではっきり見えるように、開いた状態で別に示します。正面図との位置は上下または左右に並べるので、上型と下型の平面図は上下または左右が逆になります。

② 断面図（正面図）

横から見た金型構造を示しますが、金型部品は大部分が、プレートなどの中に組み込まれていて外からは見えません。このため、正面図は、内部を割った状態の断面図で示します。

1ヵ所だけの断面では分かりにくい場合は、部分的な断面図や側面からの断面図も追加します。断面図は、上型と下型を組み合わせて書くのが一般的な方法です。

金型図面の書き方は、原則としてJISの「機械製図」にしたがっています。しかし、金型は狭い面積に多くの部品を詰め込むので、ていねいに書くと線の間隔が狭すぎて見にくくなります。

この対策として金型独特の省略方法やシンボルマークが使われています。例えばコイルばねは左の下図のような2点鎖線で表し、位置の基準となるピン（ダウエルピン）が入る穴はシンボルマークで示しています。

要点BOX
- 加工をする部分は外から見えない
- 平面図は製品を成形する面で示す
- 平面図の開き方

平面図の図示方向

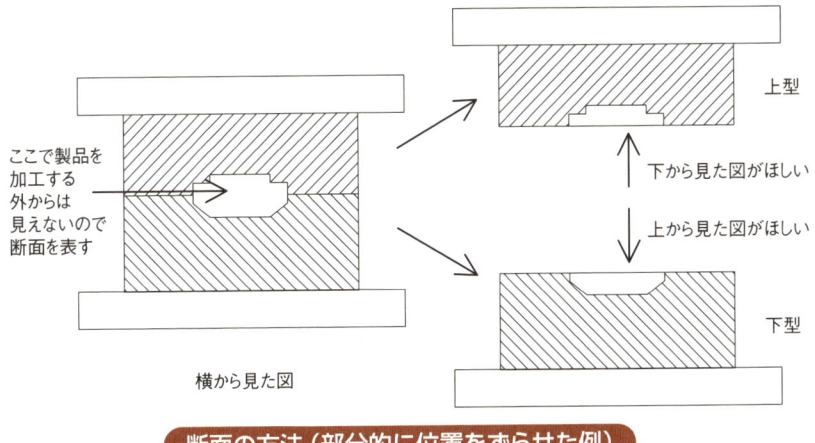

ここで製品を加工する外からは見えないので断面を表す

横から見た図

上型

下から見た図がほしい

上から見た図がほしい

下型

断面の方法（部分的に位置をずらせた例）

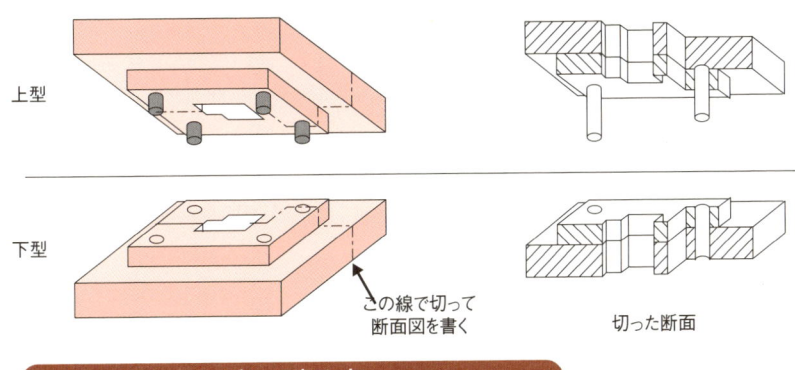

上型

下型

この線で切って断面図を書く

切った断面

ばねの書き方

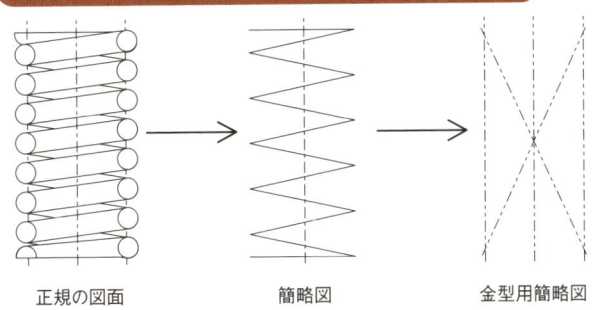

正規の図面 → 簡略図 → 金型用簡略図

用語解説

シンボルマーク：標準的な部品を組み込んだものをCADのデータとして登録するとき、それぞれのデータに付ける簡単な記号

●第5章　金型設計

46 プレス金型設計の事例

平面図、断面図および部品表

金型の組立図は、平面図と正面図の2つで表されています。図1、2、3は比較的簡単なプレス加工用穴明け型の図面の例です。

この図面は、左上図のように外形を抜いた長方形の半製品に2つの穴をあける型です。

平面図は上型を刃先側（上側）から見た状態で示し、下型は刃先側（下側）から見た状態で示します。上型は刃先側から見るため、X軸で反転してあり、小さな丸穴の位置が下型と逆になっています。

正面図は組み込まれた中の部品がよく分かるように断面図として、上下の金型を組み合わせた状態で示してあります。これは加工を終わったときの上型と下型の相互の部品の位置の関係がよく分かるようにするためです。

四角の穴と丸い穴は中心がずれていますが、この部分は重要なので断面の位置をずらせて両方の位置の断面を示してあります。組み込んだ部品は円の中に一連番号を付けて示し、引き出し線でつなぎます。

この金型の構造は次のような特徴があります。

① ストリッパガイド方式と呼ばれる構造であり、可動ストリッパで細い丸穴のパンチの位置決めと保護をします。

② 上型と下型の位置決め用のガイドは外側と内側にそれぞれ四本ずつ付いています。内側のガイドはサブガイドポストとも呼ばれ、精度の高い金型にはこの構造が広く用いられています。

③ ダイはダイプレートを直接加工してあり、焼入れ・焼戻しをしたあとにワイヤ放電加工機で加工をします。

組立図には型の名称、図面番号設計者のサインその他を記入します。このほか部品表を付けますが、組立図者の関係で別な用紙に一覧表を作る例が増えています。その例として、部品表を示します。

要点BOX
- ●組み合わせて書く断面図
- ●断面は一直線でなくてもよい
- ●部品に番号を付ける

加工の例

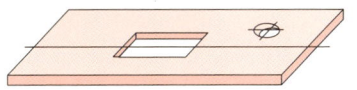

外形を抜いた製品　　　　　　　穴明け加工

組立図

この図面は見やすいようにハッチングを入れてある

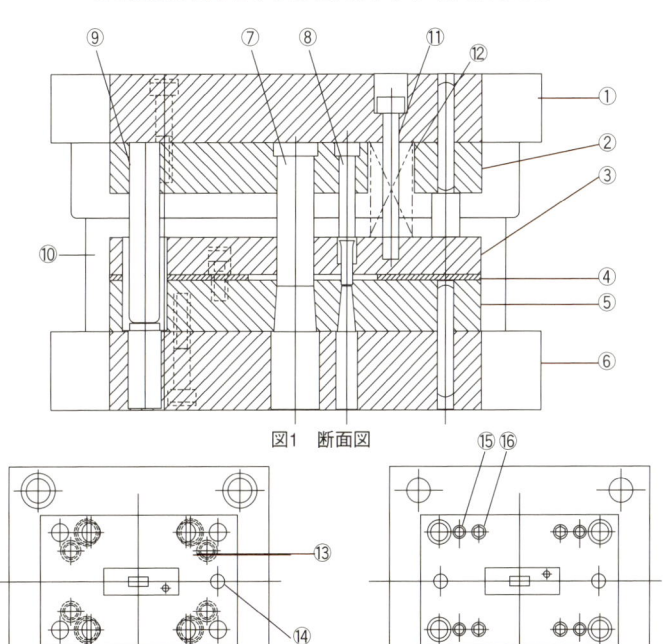

図1　断面図

図2　上型平面図　　　　　　図3　下型平面図

部品表

部番	部品名	材質	数量	備考	部番	部品名	材質	数量	備考
1	パンチホルダ	SS400	1		9	ガイドポスト	SUJ2	4	
2	パンチプレート	S30C	1		10	ガイドブシュ	SUJ2	4	
3	ストリッパプレート	SKS3	1		11	ストリッパボルト	SCM435	4	標準品φ6×45
4	位置決めプレート	SK-3	1		12	コイルばね		4	標準品
5	ダイプレート	SKD11	1		13	六角穴付きボルト		4	M6×30
6	ダイホルダ	SS400	1		14	ダウエルピン	SUJ2	2	標準品
7	穴抜き用角パンチ	SKD11	1		15	六角穴付きボルト			M6×30
8	穴抜き用丸パンチ	SKD11	1	標準部品を追加加工	16	六角穴付きボルト			M5×15

● 第5章 金型設計

47 プラスチック成形型の設計

製品形状と材料の通路の組み合わせが重要

プラスチック成形型は、特殊な場合を除いて構造および大きさなどがほぼ決まっており、各プレートの大きさと厚さ、止めねじおよびガイドピンの直径および位置なども規格をそのまま使うか、加工済みのものが多く使われています。

① モールドベース
モールドベースは製品を加工する部分を除いた構造物であり、セットに組んだ状態で市販されています。

② キャビティ
キャビティはコアと一対で製品を成形しますが、主として固定側にあり、製品の外側を成形します。

③ コア
コアは主として製品の内側を成形し、可動側にある場合が一般的です。
コアは固定側型板に直接彫り込む方法と、別に作った部品を固定側型板に組み込む方法があります。
コアを分割した場合はコアピンが使われます。横に出っ張りや穴がある場合は、コアを横に移動させる必要があり、スライドコアが使われます。この場合はアンギュラーピンを使います。

④ エジェクタピン
製品をコアから外すためのピンであり、エジェクタプレートに取り付けられます。製品の縁を押し出して外す場合はストリッパが使われます。

⑤ スプルーブシュ
射出成形機のノズルと接合し、成形する近くの横穴（ゲート）までをつなぐ通り道を担当します。成形後にこの部分を外しやすくするため、穴はテーパーになっています。

⑥ ガイドピンとガイドブシュ
固定側と稼働側の金型の位置を正しく合わせるための部品です。プレス金型のガイドポストおよびブシュと同じ働きをします。

要点BOX
- 断面図は固定側が上、可動側は下
- キャビティとコアで成形をする
- 製品の取り出し装置

プラスチック成形型

- 機械から材料を押し込む
- ロケートリング
- スプルーブシュ
- 固定側取り付け板
- 固定側型板（キャビティ側）
- エジェクタピン
- コア
- 可動側型板
- 受け板
- スペーサーブロック
- 可動側取り付け板
- ガイドブシュ
- ガイドピン
- スプルーロックピン
- リターンピン

モールドベース

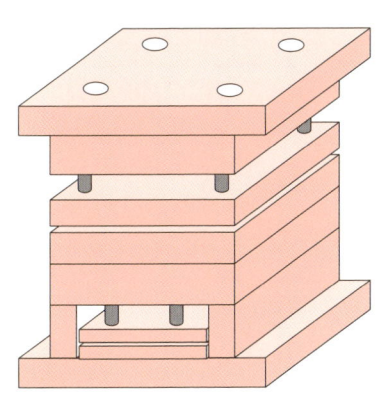

この状態で規格化され市販されている

キャビティとコア

ゲート、突き出しピンは省略

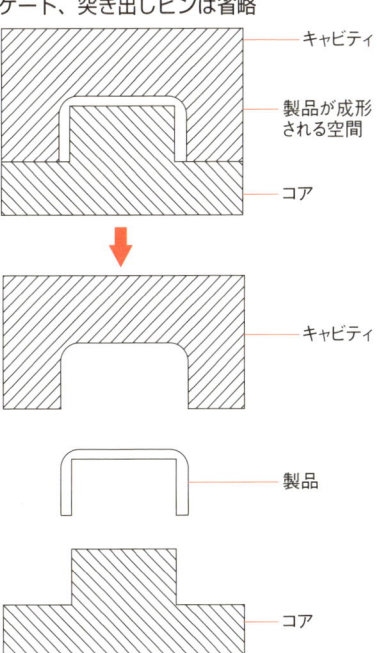

- キャビティ
- 製品が成形される空間
- コア
- キャビティ
- 製品
- コア

用語解説

モールドベース：プラスチック金型のうち、製品に関係する部分の加工と専用の部品を除いた部品を前もって組み立てたもの

● 第5章 金型設計

48 金型の機能を部品に展開する

金型全体の機能（役割）は、各部品に展開をしてそれぞれの部品がその役割を果たします。

図1はパンチとダイのみで加工をする例ですが、これだけは金型の機能を果たせません。図2はプレス加工用金型でパンチに付いた製品を外す働きからストリッパとばねとを付けた例です。

金型部品は部品全体の機能をそれぞれの部分に配置しています。図3はパンチを固定する機能と抜け止めの機能をパンチプレートと一緒に考える例です。

実際の金型設計では、組立図を設計する段階でこのようなことを考慮して組み込む部品が考えられています。また部品を設計するときは、金型全体と相手の部品との関係を考えながら設計をします。

金型部品の機能は次のようになります。

① 実際に製品を加工する部品
  ○パンチ
    製品を加工する部品ですが、主として上型に取り付けられ、比較的長い部品が多くあります。
  ○ダイ
    パンチと一緒に製品を加工する部品ですが、主として下型に取り付けられます。

② 部品を組み込むプレート（平板）
  ○パンチプレート
    パンチ、その他の部品を組み込むため、上型の重要なプレートです。

③ 金型部品に付いた製品またはスクラップを外した取り出す
  ○ストリッパ（プレート）
    加工が済んだとき、パンチに付いた製品やスクラップを剥がすための部品です。ストリッパは細いパンチのガイド、板押さえなどの役割も果たしていま

要点BOX
● 各金型部品の役割分担
● どの部品をどこへ付けるか
● 相手のある部品相互の関係

金型全体の機能はそれぞれの部品が担当する

図1 パンチとダイ

抜き型　　　　　曲げ型

パンチ
ダイ

図2 製品を外す機能を部品に変えるまで

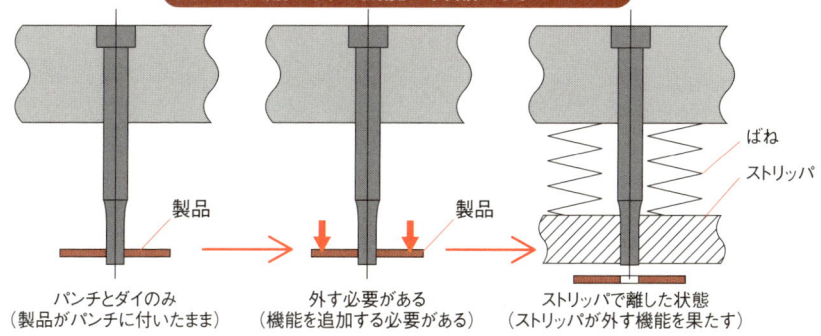

パンチとダイのみ
（製品がパンチに付いたまま）

外す必要がある
（機能を追加する必要がある）

ストリッパで離した状態
（ストリッパが外す機能を果たす）

製品　　製品

ばね
ストリッパ

図3 金型全体の機能と部品への展開

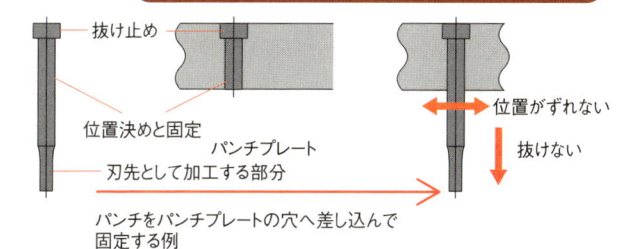

抜け止め
位置決めと固定
刃先として加工する部分

パンチプレート

パンチをパンチプレートの穴へ差し込んで固定する例

位置がずれない
抜けない

別な固定方法の例

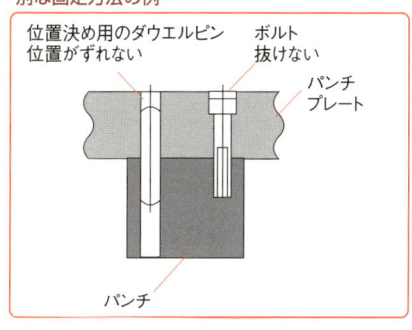

位置決め用のダウエルピン
位置がずれない

ボルト
抜けない

パンチプレート

パンチ

● 第5章 金型設計

49 金型部品の設計事例

部品図は部品ごとに1枚ずつ作る

金型部品の設計は、それぞれの部品の役割を形に変えることであり、その形を加工できるようにすることです。このため、どのような機械と刃物でどのように加工するかを知っている必要があります。

部品図はひとつずつ別々に1枚の図面に書きます。部品図も平面図と正面図を組み合わせた投影図で書きます。

図形の大きさは、製品の大きさと同じ大きさに書くのが原則ですが、小さいものは拡大して書きます。また、特に重要な部分や細かい部分だけを拡大して別の場所に書く場合も多くあります。

部品図を書く主な目的は、機械加工をする人に加工する部品の内容を伝えることです。このため、機械加工をするときの姿勢や方向で書きます。また、部品図は、加工の終わった姿勢と方向で図1のように書きます。これを図2のように書くと、加工しているときの形と図面が逆になってしまいます。

金型部品は精度が必要な部分と、それほど必要のない部分がありますが、これは公差で指定します。公差を±で記入するのは面倒であり、見るのもわずらわしいので、小数点以下の桁数で精度を表す方法があります（図3）。また、必要な部分の表面の粗さ、平行度なども記号と数値で記入します。

このほか注意事項があれば、文字で記入します。金型図面は早く、安く、しかも分かりやすく書くことが必要です。このため規格で前から決まっている寸法、公差および面粗さなどは、省略して書きます（図4）。

金型設計のルールを知ることで、簡素化しても間違いなく伝えることができます。

要点BOX
- ●加工する人が分かりやすく
- ●加工をするときの部品の姿勢
- ●部品図での省略法

図1 部品図

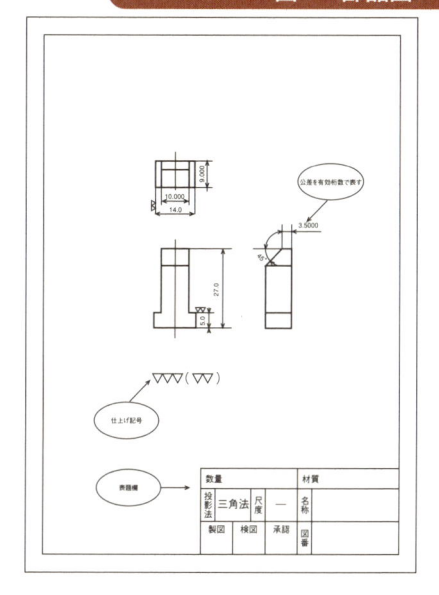

図2 部品の姿勢が悪い図面

図3 有効桁数で公差の指定をする例

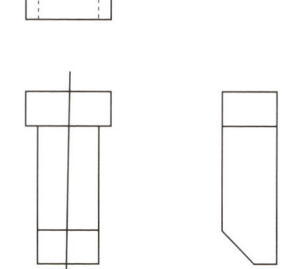

寸法の指示	公差
0.001	±0.005
0.01	±0.01
0.1	±0.1
0.	±0.5

図4 規格品は必要事項だけを記入すればよい

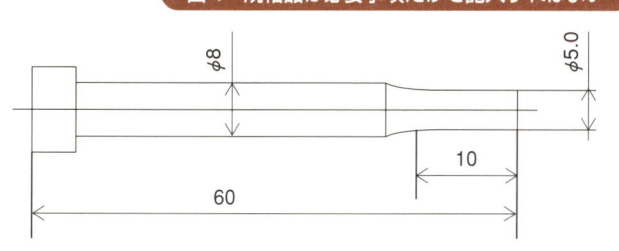

プレス型丸パンチC型
詳細はJISB5009による

Column

金型設計と
アナログ情報の壁

金型製作に限らず、スポーツなどでもベテランのアドバイスや指示での表現はアナログ的です。

初めて金型設計をする場合、最初にぶつかるのはアナログ情報の壁です。

金型部品の大きさや位置を決める場合、ベテランの設計者は大部分を過去の経験や知識を元に勘で「適当」に決めているのです。金型設計者の99％以上の人は、ボルトの直径、本数および位置などを適当に決めています。

したがって一人ひとりの「適当」はさまざまであり、結果もさまざまです。この適当な部分を会得するのが大変なのです。これをルールを決めたり数値化することでデジタル化をすると、簡単に覚えたり、できるようになります。

逆にデジタル処理が原則の、コンピュータを利用したCADでの設計では、実物のイメージが掴みにくくなり、間違っていても不自然さを感じにくくなります。

金型設計はどちらに片寄ってもいけない代表的な例といえるでしょう。

第6章 金型部品の加工

● 第6章　金型部品の加工

50 加工方法と金型部品

使用する機械と刃物

金型部品はその機能を果たすだけでなく、以下に必要な機能を果たすための加工ができるかが重要になっています。加工ができない金型部品の図面は図面ではなく、単なる絵に過ぎません。金型部品の加工はいかに品質のよいものを、速く、安くできるかが重要なのです。

このため金型部品の設計は、加工する機械、工具（刃物）、加工工程などを考えて行います。逆に金型設計者は、これらが分からないと金型部品の設計はできません。

金型加工者は、加工しやすく経済的な方法を常に考え、設計者に提案をする必要があります。逆にいうと金型部品の加工者は金型設計について知っている必要があります。金型全体の機能や構造が分からないと提案ができません。

金型部品の加工は次の2つがあり、この2つをうまく組み合わせるのが最も効果的です。

① 粗（荒）加工（前加工）

粗加工は素材からの加工であり、能率を優先し、速く、安く加工できる方法を考えます。加工機械は重切削などができるように能力の大きな機械が必要です。

② 仕上げ加工

加工能率よりも精度を優先して加工をします。加工機械および刃物も高精度なものが必要です。

加工方法と刃物によっては加工ができない場合があるので、金型部品の形状を変えたり、2つの部品に分割する必要があります。

組立をするときには部品の組み合わせが容易なこと、精度の高い組立ができることなども重要です。また、試し加工後に修正または調整が必要と思われる部分は、それらを考慮した構造と部品にする必要があります。

要点BOX
- ●加工できない場合は部品を分割する
- ●加工方法の組み合わせ
- ●相手部品との勘合

金型部品の加工ができるように部品図を変更した例

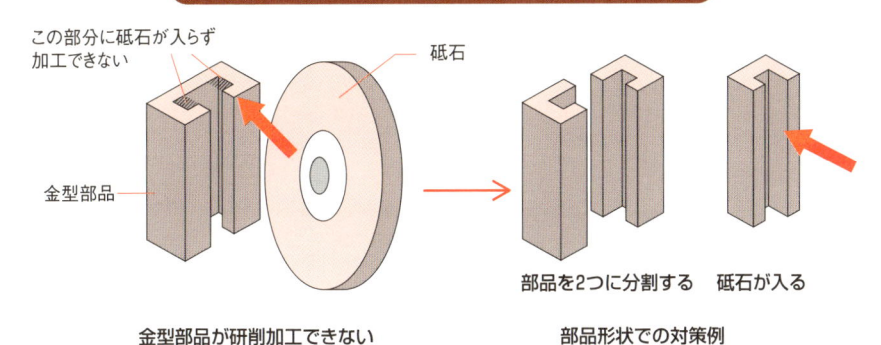

- この部分に砥石が入らず加工できない
- 砥石
- 金型部品

金型部品が研削加工できない

→ 部品を2つに分割する　砥石が入る

部品形状での対策例

組立を考えた金型部品の加工

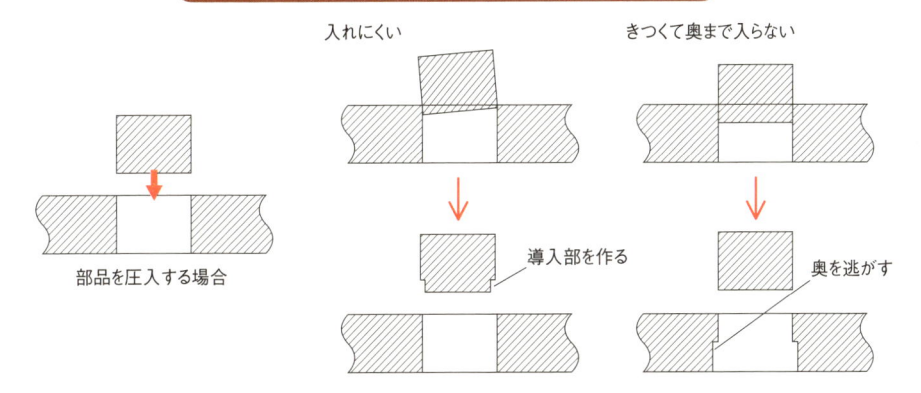

部品を圧入する場合

入れにくい → 導入部を作る

きつくて奥まで入らない → 奥を逃がす

精度と比率（生産性）の関係

- 加工精度　高い ↑
- 加工の能率 → 高い
- 高精度加工　能率は低い
- 高能率加工　精度は粗い

51 金型部品の熱処理

熱処理で鋼はたくましく変身する

金型に使用する鋼の中で、耐摩耗性を必要とする部品は焼入れおよび焼戻しの熱処理をします。鋼は焼入れをすると組織が緻密になり、非常に硬くなります。しかし、焼入れをしたままでは硬くても破損しやすく、すぐに折れ、欠けおよび割れなどが発生して使えません。

焼入れをしたあとに低い温度で焼戻しをすると、硬さは少し下がりますが、ねばさ（靭性）が増して割れや欠けを少なくすることができます。このため金型部品はすべて焼入れをしたあとに焼戻しをして使用します。

焼入れというと、まっ赤に加熱した日本刀などをそのまま水につけているのをテレビなどで見たことがあると思います。しかし、金型の焼入れは設備も方法も全く違います。

金型材料の熱処理に使う炉には電熱電気炉、塩を高温で溶かしてその中に漬けるソルトバス、炉の中を真空にして加熱をする真空炉などがあります。

ダイス鋼（SKD11）の場合は焼入れ温度が1050℃、焼戻し温度が200℃または400℃です。

200℃を低温焼戻し、400℃を高温焼戻しといいます。さらにマイナス40℃（サブゼロ）、またはマイナス80℃（スーパーサブゼロ）のような非常に低い温度に下げると、一層耐摩耗性が増します。サブゼロは一般の鋏や包丁などの刃物にも大きな効果があります。

金型部品の熱処理は、専門の設備（各種の炉）と専門の技術が必要なため、大部分の金型工場は熱処理専門の業者に依頼しています。

一般に鋼は焼入れ、焼戻しをすると膨張して元の寸法より長くなります。また、平板は反りやひずみが発生するため、平面研削をしてから仕上げ加工をします。

要点BOX
- ●焼入れと焼戻しは切り離せない
- ●材料によって熱処理の温度が変わる
- ●零度以下に下げる熱処理もある

焼戻しの効果

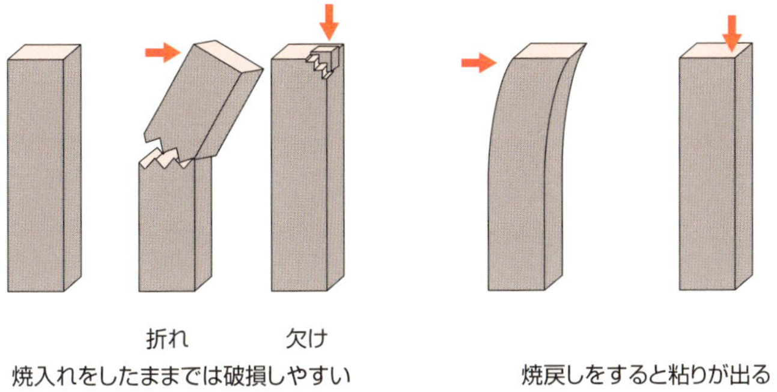

折れ　欠け
焼入れをしたままでは破損しやすい

焼戻しをすると粘りが出る

熱処理の温度

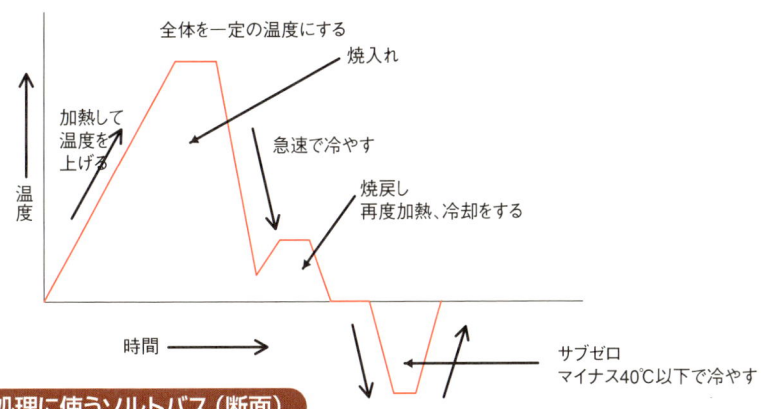

全体を一定の温度にする
焼入れ
加熱して温度を上げる
急速で冷やす
焼戻し　再度加熱、冷却をする
温度
時間
サブゼロ　マイナス40℃以下で冷やす

熱処理に使うソルトバス（断面）

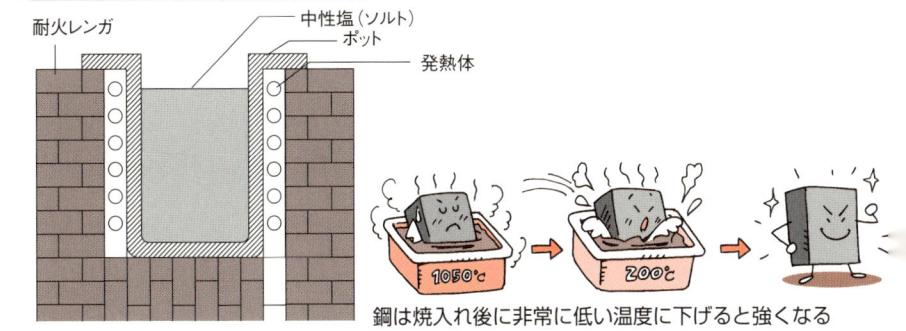

耐火レンガ　中性塩（ソルト）　ポット　発熱体

鋼は焼入れ後に非常に低い温度に下げると強くなる

用語解説

焼入れ：炭素を少量含む鋼は、高温から急冷すると、内部の組織がマルテンサイトという組織に変わって硬くなります

焼戻し：焼入れをしたすぐ後に、それよりはるかに低い温度に再度加熱し、ゆっくり冷やします。これにより硬さは少し低下しますが、靭性が増し、折れたり欠けたりしにくくなります

● 第6章　金型部品の加工

52 金型部品の切削加工

切削加工は刃物で少しずつ削る

切削加工は金属を刃物で少しずつ削りながら、徐々に形を作ってゆく加工法です。金型の大部分は鉄でできており、加工の多くは切削加工です。金型の切削加工には次のような加工方法と刃物が使われています。

① ドリル加工
左上の図のようなドリルで穴明け加工をします。ドリル加工は精度が低いので、精度の高い穴の場合は後で仕上げ加工をします。工作機械はボール盤、縦フライス盤およびマシニングセンタなどがあります。

② エンドミル加工
エンドミル加工は金型加工では非常に多く、図のようなエンドミルという刃物で加工をします。加工内容は主として金型部品の側面および立体的な曲面の加工です。自動車のボディの滑らかな曲線なども大部分はボールエンドミルで加工しています。

使用する機械はマシニングセンタ、NCフライス盤などです。

③ ボーリング加工
主として丸い穴を高精度に仕上げる加工であり、機械はマシニングセンタおよびジグ中ぐり盤を使います。

④ ねじ切り加工
例外を除いて雌ねじを加工します。刃物はねじの形をしたタップを回転させる方法とひとつのねじ山の形をした刃物を使用する方法があります。使用する機械はボール盤、フライス盤、マシニングセンタがあります。

⑤ 旋削（旋盤）加工
ほかの加工法と違い、刃物は回転せず、工作物のほうが回転し、断面が丸い部品の加工をします。

要点BOX
- 金型では穴明け加工が多い
- 刃物を回転させながら加工をする
- ドリルとエンドミルは刃物の代表

切削加工の刃物の例

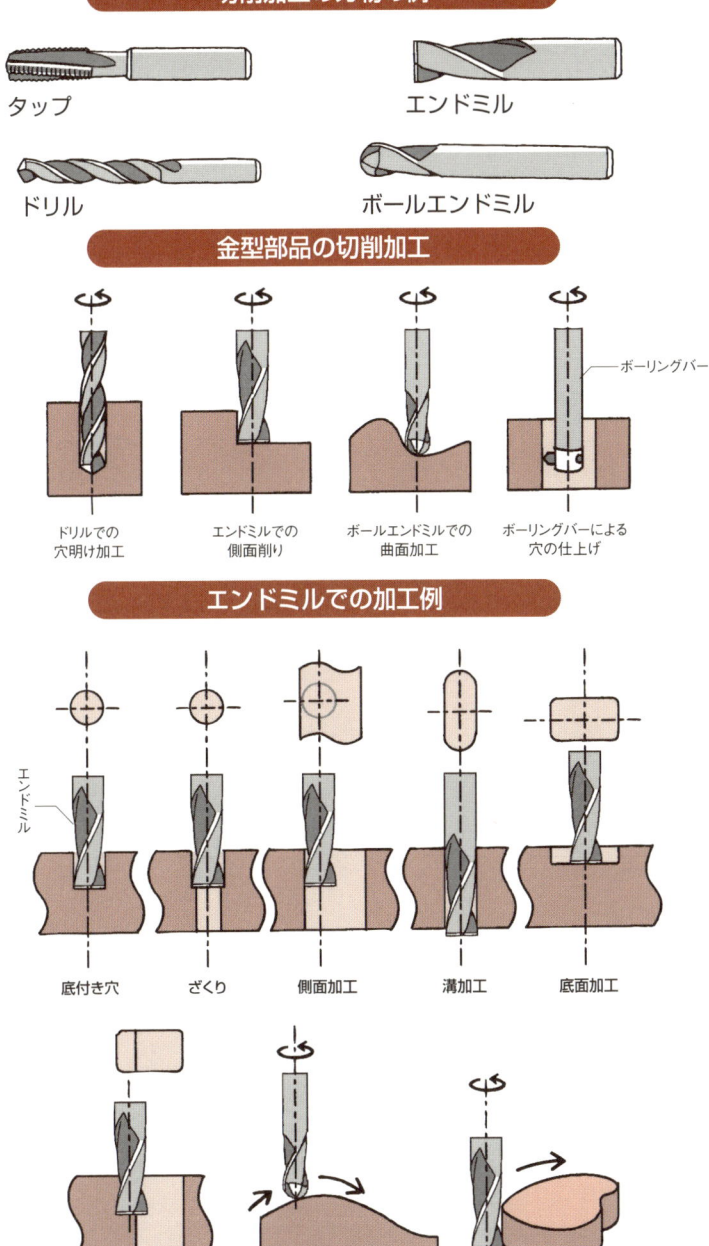

- タップ
- エンドミル
- ドリル
- ボールエンドミル

金型部品の切削加工

- ドリルでの穴明け加工
- エンドミルでの側面削り
- ボールエンドミルでの曲面加工
- ボーリングバーによる穴の仕上げ（ボーリングバー）

エンドミルでの加工例

エンドミル

- 底付き穴
- ざくり
- 側面加工
- 溝加工
- 底面加工
- 部分加工
- 三次元形状加工
- 輪郭形状加工（外形、穴）

● 第6章　金型部品の加工

53 マシニングセンタでの金型部品の加工

マシニングセンタは金型加工の万能選手

現在の金型製作は、マシニングセンタがなくては考えられなくなっています。マシニングセンタはあらゆる金型部品の加工の主役になっているのです。主な加工内容は次のとおりです。

① プレートの平面加工

黒皮の付いた材料の表面を削ってきれいな面と正しい寸法に仕上げます。

② プレートの穴加工

金型はひとつの金型に使われるプレートの枚数が多く、一般の金型では5～10枚、複雑な金型では20枚以上使われる例もあります。これらのプレートはすべて穴明け加工が必要であり、その大部分はマシニングセンタで加工されています。

③ プレートの段差加工および外形の加工

プレートの段差加工および外形の加工ダイホルダ、ストリッパプレート、その他、段差が必要な部分はマシニングセンタでエンドミル加工を施しています。

④ 任意の形状加工（二次元）

異形のポケット穴をあけて中に複雑な形状の部品を入れます。またプレス抜き型のダイおよびパンチ、プラスチック成形型のキャビティおよびコアの粗加工にも使われています。

⑤ 三次元の自由曲面

自動車のボディ、プラスチックの成形品などの表面は、複雑で滑らかな曲線をしています。これらの形状の多くはマシニングセンタとボールエンドミルで加工されます。

⑥ 小物の異形状部品

金型の内部に込められる小物の異形状部品の形状が複雑で高精度を要求されます。

マシニングセンタは工具の交換、加工部分の位置決め、その他をほとんど無人で行います。

要点BOX
- 多くの機械を1台で果たす
- 自分で刃物を交換する
- コンピュータと仲良し

マシニングセンタでの金型部品の加工

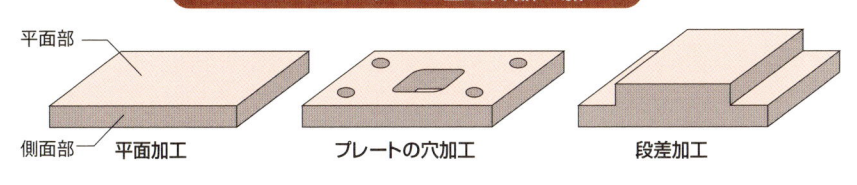

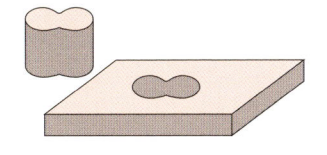

平面部 / 側面部 / 平面加工

プレートの穴加工

段差加工

形状加工（穴と外形）

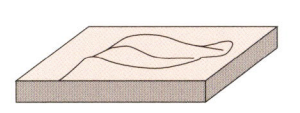

三次元の曲面加工

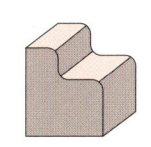

小物異形部品の加工

マシニングセンタの特徴

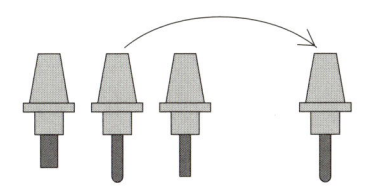

保管してある多くの工具から必要なものを選ぶ

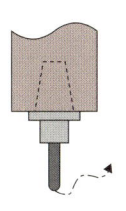

指定した位置および形状のとおりに動く

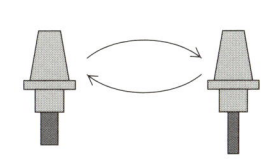

工具を自動的に交換する

付属装置で材料の交換も自動でできる

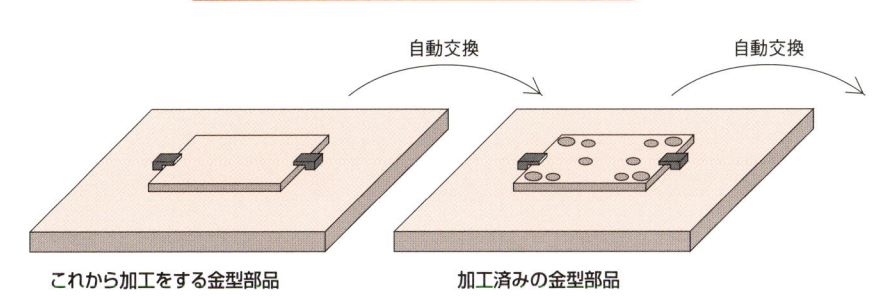

自動交換

自動交換

これから加工をする金型部品

加工済みの金型部品

●第6章　金型部品の加工

54 金型部品の研削加工

研削は砥石が刃物であり、これで削る

研削加工は、砥石を高速で回転させて被加工物（鉄など）を削ります。砥石は硬くて小さな粒（砥粒）と接着剤を焼き固めたものです。砥石の中には隙間が多くあり、この隙間に削ったときの屑を逃がします（図1）。

研削加工は加工精度が高く、焼入れをした鋼および超硬合金の加工ができます。しかし削れる量が少なく、加工に多くの時間がかかるので、仕上げ加工に使われています。

金型の研削加工には、次の機械（研削盤）と砥石が使われます。

①平面研削盤での平面加工
平面研削盤は、円盤状の砥石を横軸で回転させ、平らな平面を仕上げるときに使います（図2）。金型はさまざまな板やブロック状の部品が多くあり、これらの平面を仕上げ加工します。砥石を成形したり、工作物を傾けて成形加工をすることもできます。金型工場には必ずある機械です。

②平面成形研削盤での成形研削
平面研削盤の補助工具を付け、砥石を成形したり、工作物を傾けたりしてさまざまな形状の研削加工ができます。

③成形研削盤での成形研削加工
成形研削盤は成形研削をする専門の機械であり、砥石の成形、工作物または砥石の位置を自由に設定できます。

最近はこれらの動きを自動的に制御するNC成形研削盤が増えています（図3）。

④ジグ研削盤での高精度な穴加工
高精度な穴の加工には、ジグ研削盤（ジググラインダ）が使われています。砥石は直径が小さい軸付きのものを使用し、高速で砥石を回転（自転）させながら、軸の中心を回転（公転）させています（図4）。

126

要点BOX
- ●硬いものでも削れる
- ●切り屑は細かい
- ●加工面がきれい

図1 研削砥石

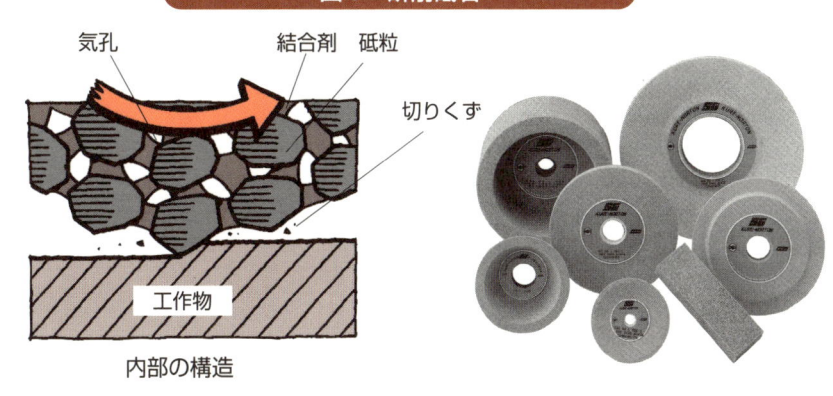

- 気孔
- 結合剤
- 砥粒
- 切りくず
- 工作物

内部の構造

図2 平面研削加工

図3 丸パンチの刃先を異形に成形研削で仕上げた例

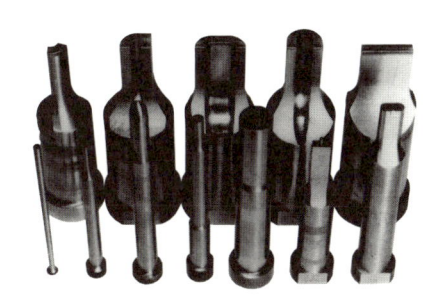

図4 ジグ研削盤での加工

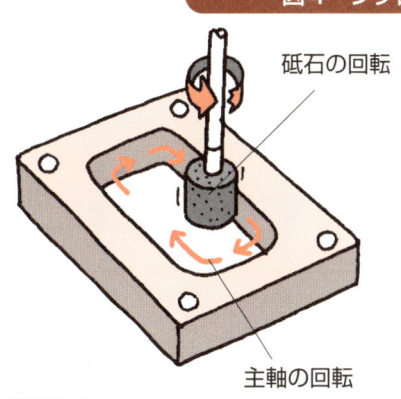

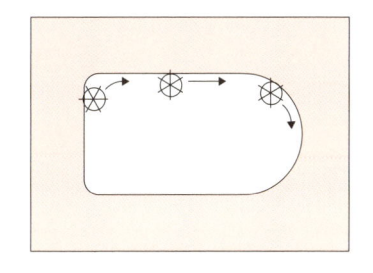

- 砥石の回転
- 主軸の回転

用語解説

研削加工：硬い粒を接着剤と一緒に焼き固めた砥石を高速で回転させ、鉄などの工作物を削り取ります。金型では焼入れ後の仕上げ加工に使う例が多い

55 放電加工による金型部品の加工

放電加工は小さな雷をくり返す

金型加工では放電加工が活躍しています。放電加工の原理は雷と同じであり、一方にプラス（＋）、他方にマイナス（－）の電圧を短い間隔で繰り返しかけると、絶縁が破れて放電が起きます。非常に短い時間で断続的に電流を流すため、コンデンサー電源またはトランジスタ電源が使われています。絶縁には水や油が使われ、この中に漬けて加工をします。

加工は次のように行われます。
① 放電により金属の一部を瞬間的に溶かす。
② 放電の衝撃的なエネルギーで溶けた部分を吹き飛ばす。
③ 加工液で冷やす。加工液を吹き付けて冷やすとともに、加工屑を掃除する。
④ 元の絶縁状態に戻り、放電を繰り返す。

放電加工機は大きく次の2つに分かれます。

① 形彫り放電加工機

ほかの機械で加工をした電極を使用し、狭い隙間で放電して加工をします。電極を高精度な形状と寸法に作れば、金型部品もそれに近い加工ができます。

底のある形状や、切削では刃物が届かないような深い穴の加工もできます。プラスチック成形用金型などモールド類に広く使われています。

② ワイヤ放電加工機

電極に細いワイヤを使い、工作物を加工データにしたがって移動させ、任意の穴および外形を高精度に加工をします。

ワイヤ放電加工機は、電極を製作する必要がなく、焼入れをした鋼や超硬合金の加工を、高精度で自動加工ができます。このためワイヤ放電加工機は、金型加工に革命をもたらせたと言えます。

要点BOX
- 硬さに関係なく加工できる
- 加工液に漬けて加工をする
- 電極とほぼ同じ形状に加工をする機械がある

電極と金型部品の間で断続的に放電させる

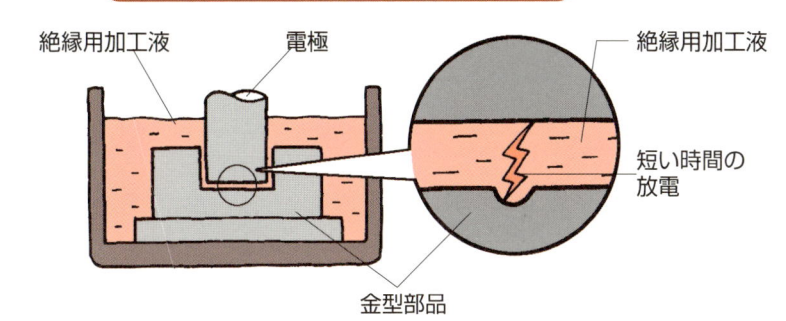

絶縁用加工液　電極　　　　絶縁用加工液
　　　　　　　　　　　　　短い時間の放電
　　　　　　金型部品

放電加工の原理

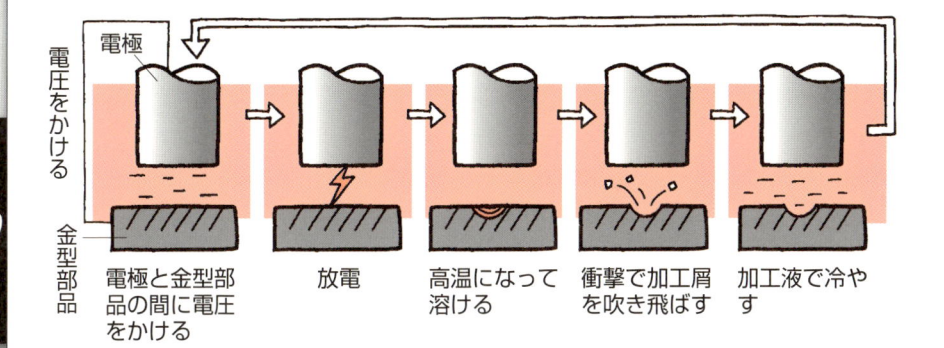

電圧をかける
電極
金型部品

| 電極と金型部品の間に電圧をかける | 放電 | 高温になって溶ける | 衝撃で加工屑を吹き飛ばす | 加工液で冷やす |

ワイヤ放電加工機

制御装置
電源

形彫り放電加工機

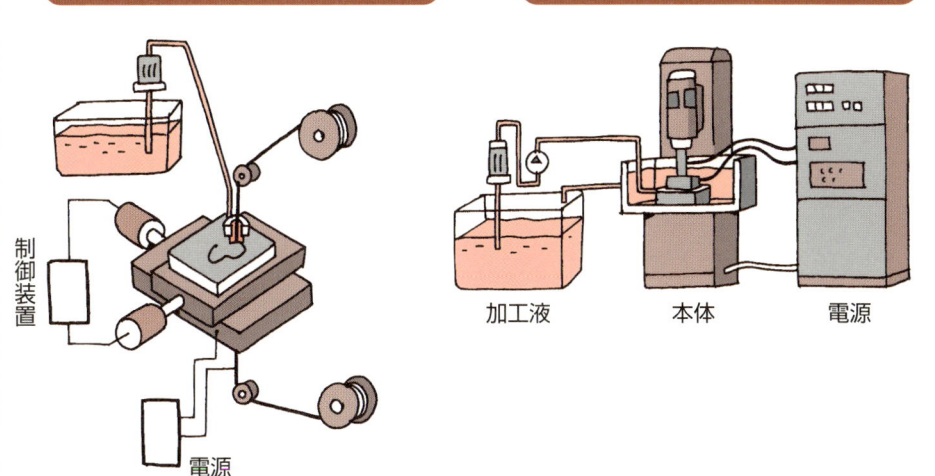

加工液　本体　電源

●第6章　金型部品の加工

56 金型部品の加工工程①（平板部品）

金型は平板の加工が多い

大部分の金型は、平板（プレート）を重ねて作られており、そうでない金型も、部分的に平板部品が使われています。平板部品の素材は、ハンマーでたたく自由鍛造で作られており、次の工程で加工をします。

① 切断
鋸盤で必要な長さに切断します。

② 六面を平面切削
上下と側面をマシニングセンタまたはフライス盤などで平面切削をし、研削量を残して仕上げます。

③ 四面の平面研削
上下の平面と基準になる二側面を平面研削盤で研削します。

各寸法を高精度に加工するとともに表面の粗さをよくします。この状態まで加工の済んだ標準プレートを購入し、この状態から加工を始める例が多くなっています。

④ 穴加工
穴加工が中心であり、大部分はマシニングセンタで切削加工をします。加工後に熱処理をする部品で精度の高い部品は後で仕上げ加工をします。このための仕上げ代を付けて加工をしておきます。あとからワイヤ放電加工機で加工する穴は、ワイヤーを通す丸い小さな下穴だけをあけておきます。

⑤ 熱処理
焼入れ・焼戻しが必要な平板部品は指定された条件で熱処理をします。

⑥ 平面研削（再研削）
熱処理による反り、ひずみなどをとり、熱処理による表面の変質層もとって平らに仕上げます。

⑦ 熱処理後の加工
研削加工、放電加工などで高精度な加工をします。

要点BOX
- ●必要な平板まで加工する工程
- ●穴や形状の加工をする工程
- ●熱処理の有無で工程が変わる

平板（プレート）の加工工程

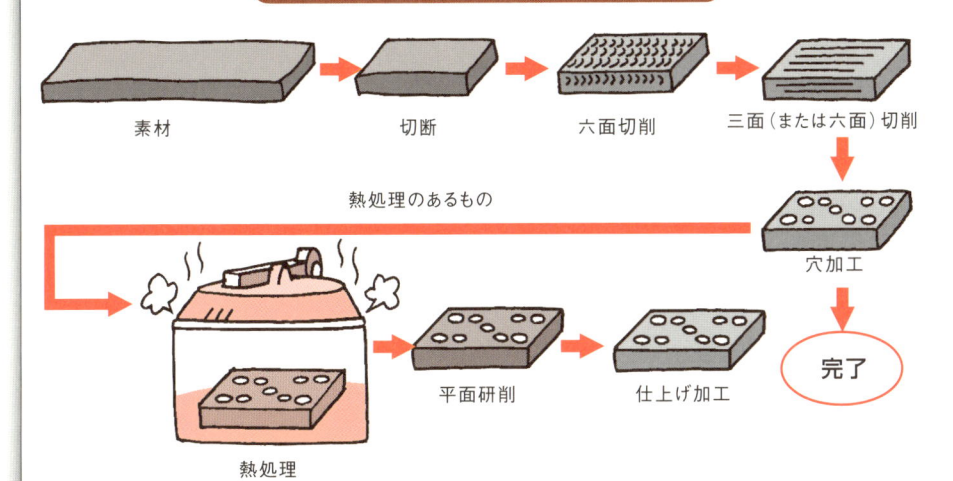

素材 → 切断 → 六面切削 → 三面（または六面）切削 → 穴加工

熱処理のあるもの → 熱処理 → 平面研削 → 仕上げ加工 → 完了

ワイヤ放電加工用の穴加工

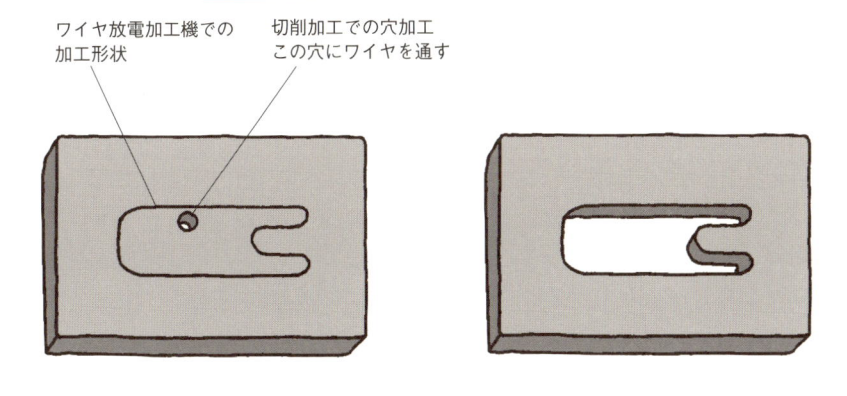

ワイヤ放電加工機での加工形状

切削加工での穴加工　この穴にワイヤを通す

平面研削で反りをとる

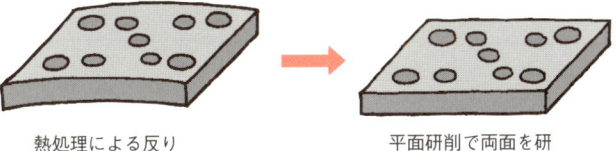

熱処理による反り → 平面研削で両面を研削して平らにする

57 金型部品の加工工程②（小物のブロック状部品）

金型の中に組み込まれるブロック状の小物部品は、大部分が製品を直接加工したり、可動をして製品を外すなど重要なものが大部分です。このため、形状が複雑で高精度なものが多く、ひとつの金型に組み込まれる部品点数も多い重要な加工です。

加工行程は次のようになります。

① 素材の切断
黒皮の付いた素材を、必要な大きさに鋸盤で切断します。

② 六面を切削し、正方形または長方形にする
研削仕上げ代を残して六面を切削します。機械はマシニングセンタまたはフライス盤が使われます。

③ 基準となる三面または六面を平面研削する
基準となる三面とその他の三面も合わせて平面研削をします。この加工で特に重要なのは、各面が正確な直角になっていることです。直角度はスコヤ（直角定規）などで確認しながら確認しながら基準面からの位置が重要です。

④ 部分的な形状を加工する
部分的に凹凸のある部分はエンドミルで切削加工をします。止めねじおよびダウエルピン用の穴などは指定された位置に指定された寸法の加工をします。これらはすべて基準面からの位置が重要です。

⑤ 熱処理をする
熱処理をする部品は、焼入れ、焼戻しの熱処理をします。

⑥ 仕上げ加工をする
放電加工、ワイヤ放電加工および成形研削などの仕上げ加工を行います。外形との相互位置を測定し、確認しながら加工をします。

修正して仕上げます。

要点BOX
●形状が複雑で工程数も多い
●多くの機械で加工をする
●高精度加工が多い

小物部品は形状も加工内容もさまざま

小物のブロック状部品の加工工程

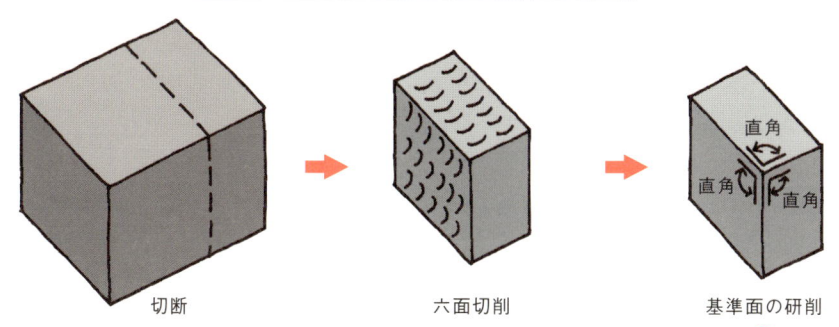

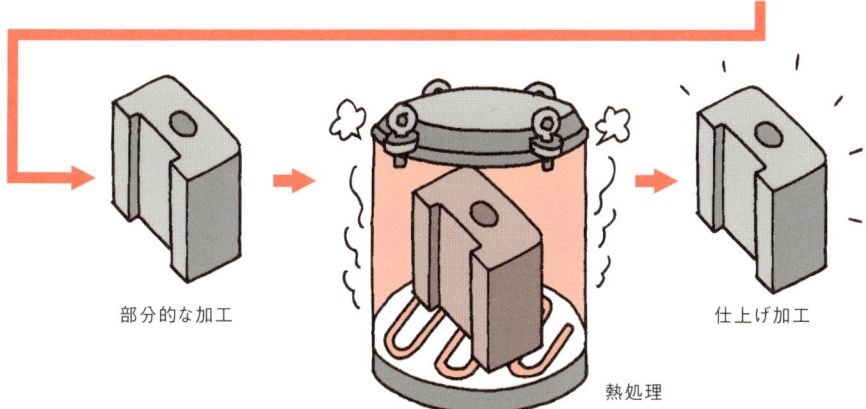

切断 → 六面切削 → 基準面の研削（直角）→ 部分的な加工 → 熱処理 → 仕上げ加工

ブロックを平面研削盤で直角に仕上げる方法

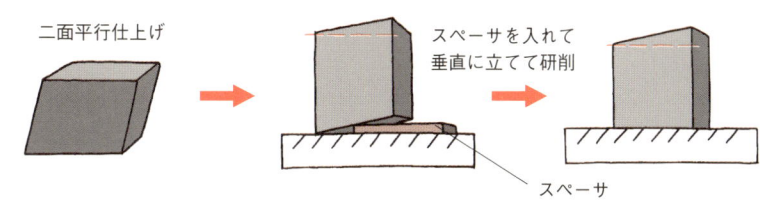

二面平行仕上げ → スペーサを入れて垂直に立てて研削

スペーサ

成形研削盤で作った高精度な部品

58 金型部品の加工工程③（円筒形の部品）

円筒形の部品は標準部品が多い

金型には断面が円形の部品が非常に多く使われています。プレス金型では丸パンチおよびダイブシュ、パイロットパンチ、ガイドポストおよびブシュ、ダウエルピン、その他があります。

プラスチック成形型ではコアピン、エジェクターピン、アンギュラーピン、スプルーブシュ、ガイドピンおよびガイドブシュ、その他があります。

丸ものの部品は、全体が丸いものと、軸（元）の部分が丸で、先端部分が四角または異形のものがあります。

加工工程は次のようになります。

① 素材からの切削加工
旋盤でおおよその形状と寸法に仕上げます。

② 熱処理
焼入れ・焼戻しの熱処理をします。

③ 研削
研削による仕上げ加工
丸いものを専門に研削加工をする円筒研削盤で外径および内径を仕上げます。円筒研削盤は金型部品をゆっくり回転させながら、高速で回転する砥石を当てて削ります。

円筒研削盤は、加工の寸法精度および真円度がよく、表面も滑らかに加工ができます。

④ みがき
円筒状の部品は相互にスライドしたり、材料が表面を滑る部品が多く、このような部品は機械加工後にみがきをします。

丸もの部品は標準化が進んでいて日本工業規格、メーカー規格などの部品が広く市販されています。また、特別な形状や寸法のものも、標準部品メーカーの対応が進んでいます。このため、購入して使用するのが一般的です。

最近は社内のマシニングセンタおよびワイヤ放電加工機などを利用して作る例も増えています。

要点BOX
- 加工の始めは旋盤加工
- 特殊な専用機が多い
- 完成品を購入する例が多い

円筒状部品の加工工程

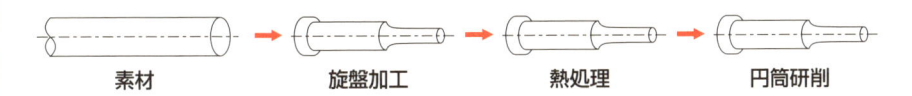

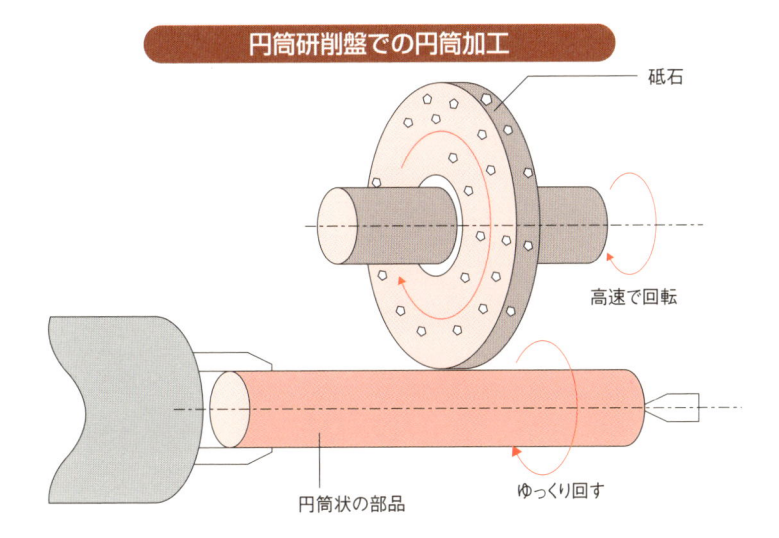

素材 → 旋盤加工 → 熱処理 → 円筒研削

円筒研削盤での円筒加工

砥石
高速で回転
ゆっくり回す
円筒状の部品

マシニングセンタで作った円筒状の部品

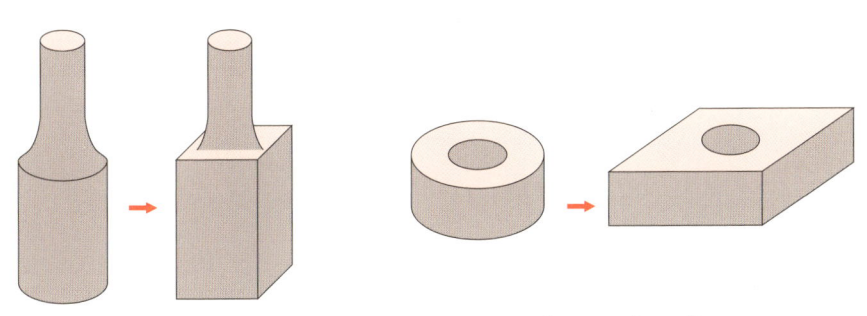

軸を四角で作った丸パンチの例

外形を四角で作ったブシュの例

用語解説

旋盤：工作物を回転させ、これにバイトと呼ばれる刃物を当てて削り取ります。このため加工するものは断面が円筒形のものが中心です。

円筒研削盤：工作物を低速で回転させながら、高速で回転する砥石を当てて削ります。細い軸付きの砥石を使い、円筒状の内面も研削できます

Column

金型加工は道具で変わる

人は道具を使うことで、ほかの動物と違う進化をしてきたと言われています。しかし、オランウータンなどの高等動物はもちろん、小鳥の中にも木の枝で道具を作って木の中にいる虫を捕るものがいることが分かってきました。

それでも人は道具に動力を加え、機械というさらに便利な道具を生み出しました。この機械をまた進歩させ、人の代わりに計算をしたり、考えたりするコンピュータという道具を作り出しました。

現在の金型加工は、この機械とコンピュータを組合わせたNC工作機械が主流です。つい最近まで、ハンドルを回しながらボール盤で穴をあけたり、やすりで仕上げていたのが夢のようです。

またNC工作機械は人が寝ている夜の間も加工を続けることができ、徹夜をしても平気です。しかも人の指示に忠実で、間違えたりもしません。逆にNC工作機械が動かなかったら、金型加工はギブアップしてしまいます。

第7章

金型の仕上げと組立、その他

● 第7章 金型の仕上げと組立、その他

59 経験と熟練の仕上げ作業

さまざまな作業の多くは手工具で行う

金型製作の中で、最も経験と熟練を必要とされるのが仕上げおよび組立です。仕上げと組立部門は「その他部門」と言えるほどさまざまです。

金型の設計と専門の担当者が行う機械加工以外のすべてが含まれますが、主な業務は次のとおりです。

① 専門の担当者が決まっていない機械での加工

金型の仕様と組立図を見て、金型の要求条件、構造を理解し、その条件を満たす金型を作る責任を負います。

② 金型部品の点検と確認

機械加工の済んだ金型部品および購入部品などの数量および品質などを確認します。

③ 機械加工

ボール盤、フライス盤および平面研削盤などで加工をします。

④ 機械加工

機械加工の済んだ金型部品の手仕上げ作業

金型部品のバリ取り、みがきおよび面取りなどを

します。

⑤ 不具合のある部品の修正および調整

形状および寸法の悪い金型部品を修正します。

⑥ 金型の組立および調整

数十から数百ある部品を正確に組み立てます。うまく合わない場合は調整および修正をします。

⑦ 出来上がった金型の確認

組み立てた金型に不具合がないかの確認をします。これが不十分な場合、試し加工ができなかったり、金型を破損することがあります。

⑧ 試し加工

金型を機械に取り付け、材料を入れて実際に加工をしてサンプルを作ります。

⑨ 試し加工後の不具合の修正

製品の品質および生産上に問題があった場合は、それを直します。

要点BOX
●手工具で仕上げる作業
●金型の組立と調整
●不具合の修正作業

仕上げ作業

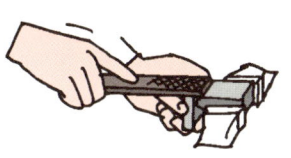

測定

やすり作業

弓のこでの切断

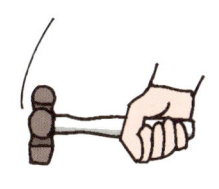

ハンマーによる打込み

ねじ切り（タップ立て）

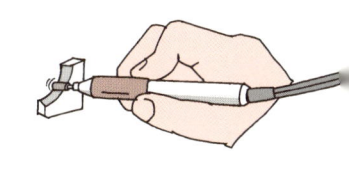

電動工具による仕上げ作業

仕上げ、組立の作業者はさまざまな作業をする

● 第7章 金型の仕上げと組立、その他

60 宝石と金型はみがけば光る（みがき作業）

みがきで金型のできばえが大きく変わる

仕上げ作業の中で最も重要な作業はみがきです。みがき作業は機械を使う場合もありますが、大部分は手作業であり、熟練を必要とする作業です。製品の表面の滑らかさ、加工精度、金型の生産性およびトラブルの発生状況および破損、金型の寿命および製品の多くがみがきで決まります。

みがく面には次のようなものがあり、それぞれみがき方が変わります。

① 平面
板の表面など比較的大きな平面のみがき。

② 側面
細い棒状の部品の側面、穴の側面など。

③ 曲面（円弧面）
円弧状の面のみがきであり、表面の滑らかさとともに円の半径および形状の正確さが必要です。

④ 自由形状面
電器製品および事務機など三次元の自由形状のみ

がき。

みがきの程度は粗みがき、中みがき、仕上げ（鏡面）みがきの三段階があり、それぞれ使用する工具、研磨材、磨き方などが違います。

研磨用工具およびみがき剤には、次のようなものがあります。

① 研磨紙および研磨布
紙または布に粉状の研磨剤を塗ったものであり、粗いみがきに用いられます。

② 油砥石
棒または平板状の砥石です。

④ ハンドラッパー
作業をしやすいように、柄の先に研磨剤が付いています。

⑤ ダイヤモンドの粉末
非常に細かなダイヤモンドの粉末であり、木の棒、綿棒などに付けてみがきます。

要点BOX
● みがきは大部分が手作業
● 金型の面粗さが製品に写る
● みがきにはさまざまな工具がある

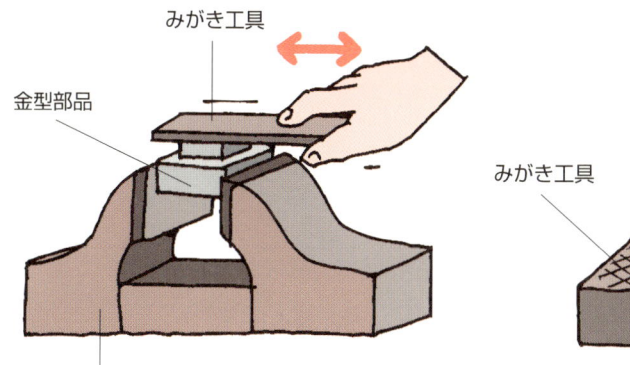

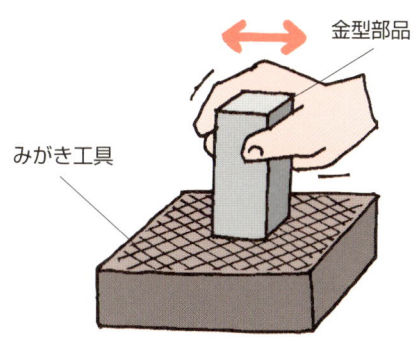

みがきの方法

みがき工具
金型部品
固定用万力

金型部品を固定して工具を動かす

みがき工具
金型部品

工具を固定して金型部品を動かす

さまざまな面とそのみがき方

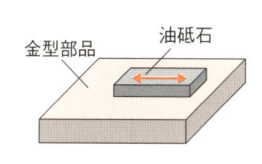

金型部品
油砥石

平面のみがき

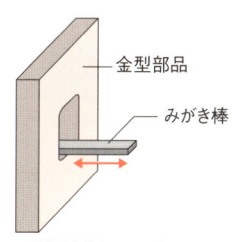

金型部品
みがき棒

側面（穴）のみがき

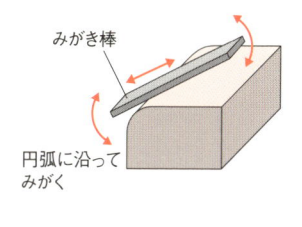

みがき棒
円弧に沿ってみがく

円弧部のみがき

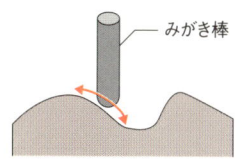

みがき棒

自由曲面のみがき

容器に入ったダイヤモンドペースト

● 第7章　金型の仕上げと組立、その他

61 金型の組立

組立は順序正しく、作業は正確に

金型は小さな空間にさまざまな部品を高精度に組み立てる必要があり、さまざまな知識や技能が必要です。まず組立をはじめる前に、組み上がったときの金型全体のイメージを頭の中でまとめ、どのような金型ができるかを理解します。

高精度な金型は、その精度を保証し、強度が必要な場合は強度を保つ必要があります。

次に、組み立てる順序とそれぞれの作業に必要な工具を準備します。組立作業は、正しい順序と方法で行います。例えば、平らな板を多数のボルトで締める場合は、対角線方向にゆるく締め、そのあとでダウエルピンを組み込んでみます。その後対角線方向に強く締めますが、これを増し締めといいます。この順序と方法を間違えると、正しく組むことはできません。

金型の組立で最も難しいのが、部品と部品の組み合わせです。組み立てたあとに動いてはいけないものは、小さめの穴に少し大きめの部品を圧入します。高精度な位置決めが必要な場合は、これより緩めに圧入し、部品の交換ができるようにします。少しの隙間でもバリが出たり、金型の跡が残る場合は隙間のない状態で可動する部品は、最小の隙間でも作動が滑らかなように合わせます。

これをベテランの作業者は「しっくり合わせる」といい、手の感覚で2つの部品の隙間を調整しています。技術が進歩し、このような作業を高精度な測定機と工作機械で再現する例が増えています。

金型部品は高精度なため、作るのが大変です。このため、組立中に金型部品を傷つけたり、破損をしないように注意をすることも重要です。またあとで分解と再組立ができることも重要です。

要点BOX
●正しい順序でボルトを締める
●垂直に組み込む
●分解できるように組む

ボルトの締め方

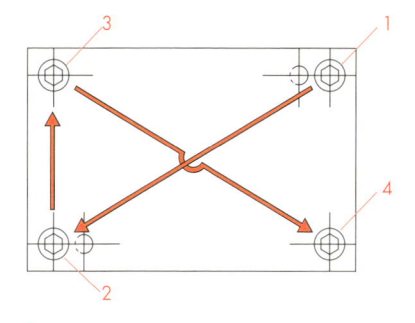

1 対角線方向にゆるく締める

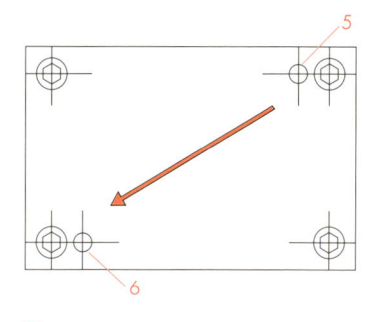

2 ダウエルピンを圧入する

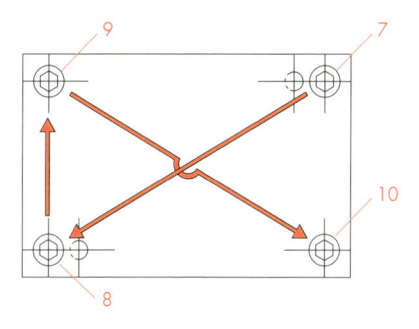

3 対角線方向に増し締めをする

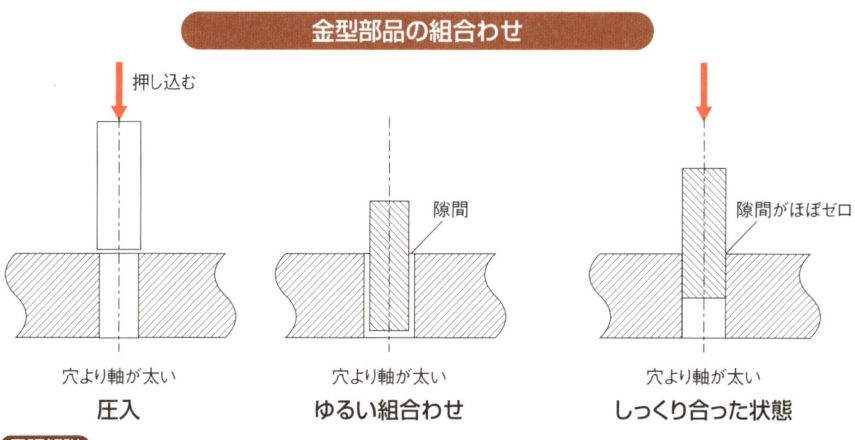

金型部品の組合わせ

押し込む

穴より軸が太い
圧入

隙間

穴より軸が太い
ゆるい組合わせ

隙間がほぼゼロ

穴より軸が太い
しっくり合った状態

> **用語解説**
>
> **圧入**：穴の寸法によりその穴に入れる軸のほうがわずかに大きい場合、大きな力を加えながら、無理に押し込んで強く固定する方法

62 金型の組立に必要な工具

正規の工具を正しく使う

金型を組み立てるときに必要な工具には、次のようなものがあります。

① 組立用の台
金型の組立は、金型が水平になるように置きます。小さな金型は作業台の上で組み立て、大きな金型は専用の台の上で行います。作業台には万力を取り付け、小さな部品の仕上作業および組み込みをします。

② ねじを締付ける工具
金型に使用するねじは、大部分が六角穴付きボルトであり、これを締め付けるための六角棒スパナが使われます。このほか、六角ボルト用のスパナおよびレンチ、センサーなどの電気部品を取り付けるドライバーなどがあります。

③ ハンマー
金型部品を圧入するときや外すときにハンマーを使いますが、金型に傷を付けないようにするためには銅製のハンマーを使うか、銅、真鍮、アルミニウムなどの軟らかい材料を金型に当て、その上からたたくようにします。

④ 部品の修正用工具
組立の途中で部品を修正する必要がある場合は、ハンドグラインダなどの電動工具、やすり油砥石などを使います。

⑤ 測定工具
部品相互の位置や姿勢を確認するため、ノギス、マイクロメータ、その他の長さを測定する測定機、隙間ゲージ、スコヤ（直角定規）およびルーペ（拡大鏡）などを使います。

このほか、金型の種類と作業内容に合わせて、さまざまな工具を工夫して作り、使っています。組立をする人が工具を大切にするのは、大工さんや料理をする職人さんと一緒です。

要点BOX
- ●部品を工具で傷つけない
- ●作業に合わせた工具を工夫して作る
- ●工具は正しく使う

一般的な作業台と金型組立用作業台

金型

木材

一般的な作業台

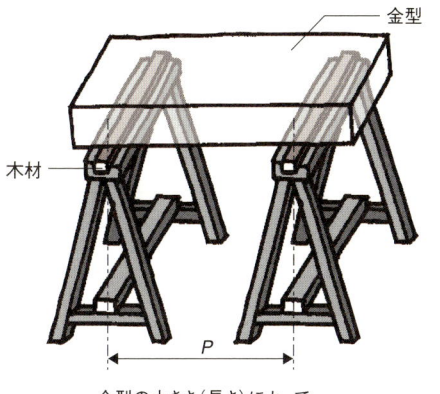

金型の大きさ（長さ）によって P を変える

大きな金型を組立てる移動式の作業台

万力に金型部品を固定する方法

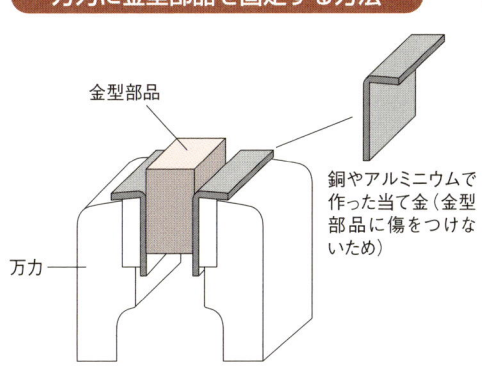

金型部品

銅やアルミニウムで作った当て金（金型部品に傷をつけないため）

万力

六角棒スパナ

六角棒スパナ

この穴に差し込んで締める

六角穴付きボルト

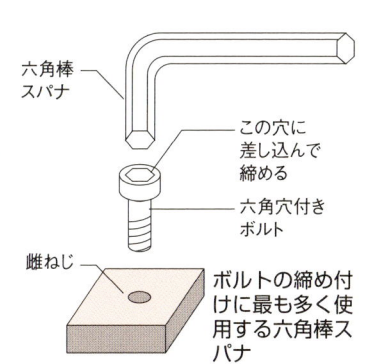

雌ねじ

ボルトの締め付けに最も多く使用する六角棒スパナ

ノギス

隙間ゲージ

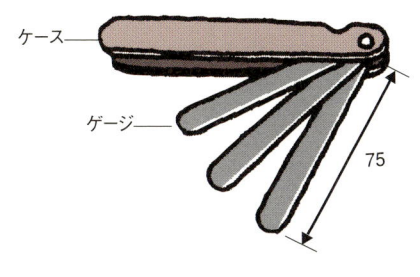

ケース

ゲージ

75

●第7章 金型の仕上げと組立、その他

63 組立中の調整および修正作業

調整と修正は最後の手段

金型部品に限らず、いかに高精度な機械加工をする場合も指定寸法どおりにはできません。ほんの少し大きくなったり、小さくなったりするからです。

これは機械や刃物の精度、機械に加工する部品を取り付けるときの精度、温度および振動などによる変化のためです。

例えば、鉄は100ミリメートルの長さで温度が1度上がると0.001ミリメートル伸びます。200ミリメートルのもので温度が10度上がれば、0.02ミリメートル伸びるわけです。このため、加工するものの寸法には、ここまでは大きくても小さくてもよいという範囲を指定します。これを公差または寸法差と呼んでいます。

それぞれ加工精度に誤差がある2つの部品を組み合わせようとすると、その隙間は多少大きかったり、小さかったりします。加工精度の限界よりも、組み合わせたときの精度を高くしようとすると、現物どおしの調整が必要になります。これをそのまま組もうとしても、きつくて合わなかったり、隙間が大きくて位置がずれたりします。

このような場合は、出来上がった部品を不良品にして作り直せばよいのですが、費用と時間が多くかかります。また、作り直しても、正規の寸法ちょうどにはできません。

このとき仕上げ加工で、中に入るほうの部品をほんの少し小さく修正したり、穴のほうをほんの少し大きく修正してピッタリ合わせるようにします。修正は、電動工具、やすり、ペーパーやすり、みがき工具などを使って行います。

組み立てた後の相互の部品の位置は、多くの部品の誤差の合計で変化をするため、現物で合わせる例が多くなります。

要点BOX
●基準側を決めて相手を合わせる
●精度が高い金型ほど微調整が必要
●機械加工の限界を補う

少しの温度上昇でも鉄は伸びる

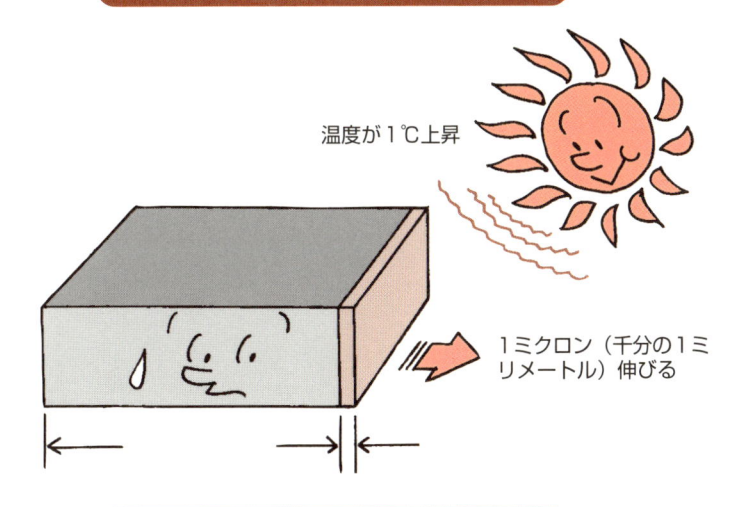

温度が1℃上昇

1ミクロン（千分の1ミリメートル）伸びる

はめ合いは公差内でもきつくなったりゆるくなったりする

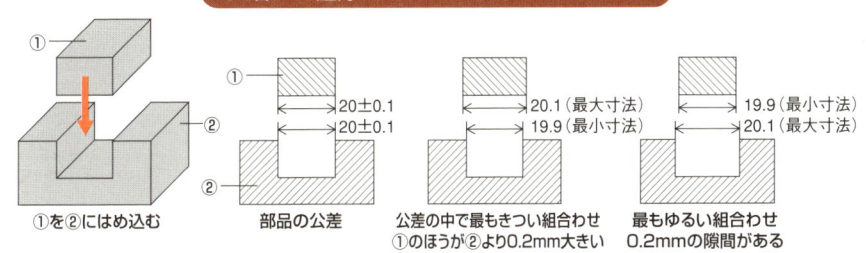

①を②にはめ込む

20±0.1
20±0.1
部品の公差

20.1（最大寸法）
19.9（最小寸法）
公差の中で最もきつい組合わせ
①のほうが②より0.2mm大きい

19.9（最小寸法）
20.1（最大寸法）
最もゆるい組合わせ
0.2mmの隙間がある

部品をしっくり合わせる調整方法

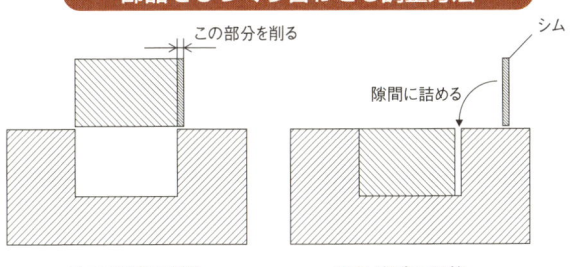

この部分を削る
きつい場合の調整

シム
隙間に詰める
ゆるい場合の調整

> **用語解説**
> 公差：ある大きさに対して、「ここまでは大きくなったり、小さくなってもよい」という許容の範囲を決めたもの
> 誤差：決められたとおりにしようとしても、全く同じにならず、わずかにずれます。これを誤差と言い、その誤差を含んで対策を考える必要があります

64 組み立てた金型の検査と確認

試し加工ができることの確認

組立の終わった金型は実際に機械に取り付けて試し加工をしますが、その前によく検査して異常のないことを確認します。確認漏れがあると試し加工ができなかったり、金型を破損してしまいます。検査と確認の内容には、次のようなものがあります。

① 組み込む部品の位置、方向および裏表などに間違いのないこと
外径が同じ部品がある場合、ほかの部品と間違えて組むことがあります。これに気が付かないと金型部品が破損します。また、裏と表が逆になっていないかも確認します。

② ボルトの締め忘れのないこと
金型部品は数十から百本以上の非常に多くのボルトで固定されています。その中で1本でも締め忘れがあると、部品がずれたり、外れて金型を破損しかねません。

③ 試し加工をする機械の仕様に合っていること

金型の高さ、取り付け部の位置と高さ、製品とスクラップの取り出しに支障のないことを確認。

④ 逃がし加工の漏れ
出っ張りのある金型部品や金型内を搬送する製品は相手の金型部品に逃がし加工がないと衝突してしまいます。
試し加工ができなかったり、金型を破損する原因で最も多いのが、この逃がし加工を忘れた場合です。

⑤ 安全対策が十分なこと
試し加工で怪我をしないように、鋭角な部分の面取りをし、また作業をするうえで危険のないことなどを確認します。

⑥ 可動する部品は滑らかに動くこと
プレス金型のストリッパおよびノックアウト、プラスチック成形型のスライドコア、エジェクタピンなどは隙間が小さく、そのうえ滑らかに動く必要があります。

要点BOX
- ●金型を破損しないこと
- ●機械に取り付けできること
- ●材料を加工できること

組み込み方向が逆の例

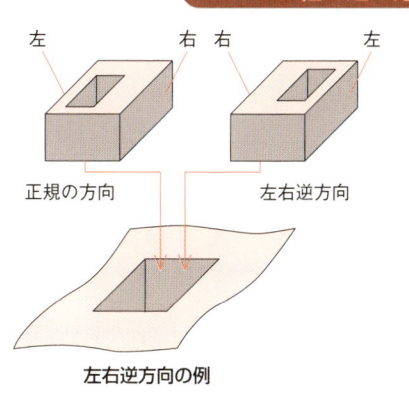

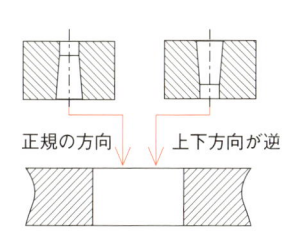

左　右　　右　左

正規の方向　　左右逆方向

左右逆方向の例

正規の方向　　上下方向が逆

上下が逆の組み込みの例

ボルトを締め忘れたときのトラブル

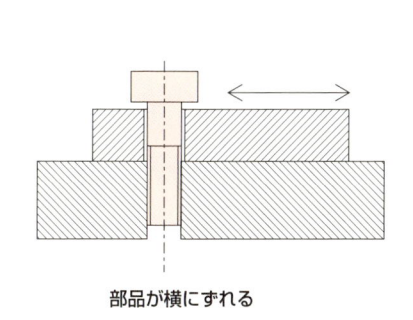

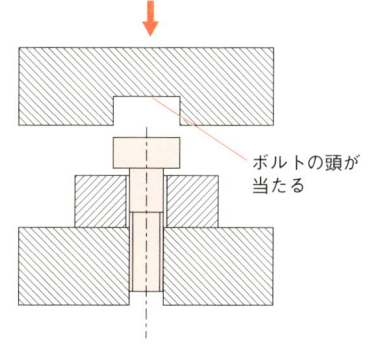

ボルトの頭が当たる

部品が横にずれる

ボルトの頭がほかの部品に当たる

逃がし穴の漏れによるトラブル

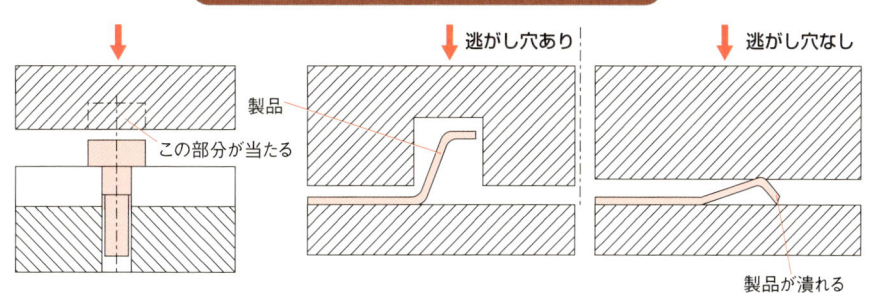

逃がし穴あり　　逃がし穴なし

製品

この部分が当たる

製品が潰れる

ボルトの頭部用の逃がし忘れ　　後工程での逃がし穴忘れ

● 第7章　金型の仕上げと組立、その他

65 試し加工

金型に問題がないことを保証する

組立の済んだ金型は、生産用の機械に取り付けて、材料を入れ、本番の生産と同じ条件で試し加工をします。

この目的は次の3つです。

① 生産した部品の品質の確認

部品単体の形状、寸法、外観および強度などを検査し、規格内にあることを確認します。生産に不具合のないことも確認します。

② 製品のサンプルを作ること

金型を使用して作ったサンプルは、商品の中では部品または部分品です。これらの部品を組み立てて、商品のテストをしたり、お客さんに見本を送ります。部品単体の形状および寸法が図面規格内にあることはもちろんですが、商品としての総合的な確認が必要です。

自動車の場合、新車を衝突させたり、テストコースで走行テストをくり返して、安全性、操縦性およ び耐久性などのテストを行うのと同じです。不具合があれば設計変更をして金型および製品を作り直します。

③ 生産性の確認

金型を使った生産は、多量生産が前提になり、大部分の生産は自動で行われます。このため予定したとおりの加工速度で生産し、不具合がないことを確認します。

試し加工は生産工場の機械で行うのが理想ですが、それが使えない場合は、試し加工用の機械でサンプルの確認だけを行います。

試し加工後はさまざまな不具合を直して、また試し加工を行います。直し方が悪いと、試し加工と修正を何回もくり返すことになります。

試し加工の回数をいかに少なくするかは、金型製作技術で非常に重要です。

要点BOX
- ●サンプルを作る
- ●製品の品質確認
- ●金型の機能の確認

サンプルを測定して検査表に記入する

製品規格

測定値を記入

検 査 表

測定個所	測定値				備考
① D_1					
② D_2					
③ D_3					
④ H					
⑤ R					

テスト用のサンプルを作る

生産中はトラブルがないこと

●第7章 金型の仕上げと組立、その他

66 金型の検収と納品

金型の完成と引き渡し

試し加工をして製品と金型に問題がないと思われたら、検収業務を行い金型を納入します。検収は金型を受注したときの顧客さんと取り交わした発注仕様書のとおり正しくできていることの確認作業です。

検収は次のような方法で行います。

① 製品のサンプルおよび検査表、金型のチェックリストなどだけで立ち会い検査はしません。

② 顧客が金型工場に来て、実際の試し加工に立会い、加工内容などを確認します。

この場合の加工機械は試し加工用のものであり、実際に生産する機械での加工とは条件が異なる場合があります。

③ 金型を発注した企業へ持ち込み、顧客の機械で実際に試し加工をします。

金型を使った生産は大部分が自動加工であり、材料の挿入、加工および製品の取り出しなど、生産に支障のないことが特に重要です。このとき、金型を使う側の人も、実際の加工をして確認する場合が多くみられます。金型を作った企業と同じ企業内で金型を使う場合も手続きは同じです。

検収で合格しないと納品できず、お金を払ってもらえません。このため、指摘された不具合を何度でも修正し、再度試し加工をします。

遠く離れた顧客、特に海外の企業に金型を納入する場合は、検収業務が特に大切です。検収をスムーズに済ませるには、金型を受注したときの仕様書の内容と検収条件の明確な取り決めが重要です。

検収の済んだ金型は、再度点検および給油などをし、運送中に異常が発生しないように厳重に梱包して、出荷します。

要点BOX
- ●検収条件を満たす
- ●金型の出荷業務
- ●金型製作の完了

立ち会い検査なしの場合の検収方法

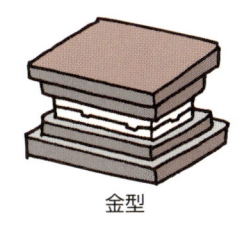

書類（チェックリスト・検査表）
サンプル
金型

顧客が立ち会う金型工場内での試し加工

金型製作所
OK!

自社工場
OK!

金型工場内で行う

用語解説

チェックリスト：確認するときに、漏れやミスがないように、前もって作った一欄表であり、内容（項目）ごとに確認（チェック）します

金型の何でも屋さん

町の便利屋さんは、犬の散歩から墓参りの代行まで何でも引き受けてくれます。

金型製作の中で仕上げ・組立をする人は金型製作の「便利屋さん」であり、何でも屋さんです。簡単な機械加工や手加工から、設計や機械加工のミスの処理、作った金型の具合が悪い場合の修正、果ては壊れた金型の修理まで何でも引き受け、何でもこなしてきました。また、自分達で使う専用の工具も作っていました。

町の便利屋さんは増えていますが、金型の便利屋さんの仕事は減ってきており、人も少なくなっています。これは道具がよくなり、設計や加工の信頼性が向上したためです。

家庭でも主婦は何でも屋さんですが、薪でご飯を炊いたり、針仕事ができる人は少なくなっています。小学校でもナイフで鉛筆を削れない子が増えているそうです。

新しい技術や道具が生まれるごとに、人は不器用になり、できないことが増えるのは、一般の生活も金型の仕上げ作業も変わりません。

【参考文献】

「金型便覧」、金型便覧編集委員会編、日刊工業新聞社、1972年
「プラスチック射出成形金型設計マニュアル」、小松道男、日刊工業新聞社、1996年
「金型加工技術」、吉田弘美、日刊工業新聞社、1984年
「金型のCAD／CAM」、吉田弘美、日刊工業新聞社、1983年
「よくわかる金型のできるまで」、吉田弘美、日刊工業新聞社、2004年
「プレス金型設計製作のトラブル対策」、吉田弘美、日刊工業新聞社、2004年
「金型設計基準マニュアル」、吉田弘美・山口文雄共著、新技術開発センター、1986年

破損	36	マシニングセンタ	88
バリ	58	マスターダイ	24
バルジ成形	60	マニュアル機械	30
判子	18	摩耗	36
パンチ	12	みがき	30
パンチプレート	112	メンテナンス	36
パンチホルダ	66	モールドベース	110
ハンマー	56	モデル	20
ブシュ	66		
部品図	30,114	**ヤ**	
プラスチック	76		
プラスチック成形型	38	焼入れ	120
プラスチック成形機	14	焼戻し	120
プラスチック成形用金型	74	溶鉱炉	56
ブランクホルダ	66		
プルトップ缶	48	**ラ**	
プレス加工品	18		
プレス金型	38	冷間鍛造	72
プレス機械	14,70	レベラー	70
プレス用金型	14	ロケートリング	74
ブロー成形型	60		
平面研削盤	126	**ワ**	
平面図	100,106		
ペットボトル	60	ワイヤ放電加工	128
放電加工	128	和同開珎	24
ボーリング加工	122		
モールドグループ	64		
ホッパ	76		

マ

曲げ加工	55
曲げ型	55,68

自動化装置	32
自動車部品	38
絞り加工	55
絞り型	55,68
射出成形機	76
シャンク	66
周辺装置	48
順送り加工	68
正面図	100
正面図	106
省略方法	106
しわ	66
しわ押さえ	66
スクラップ	14
ストリッパ	54
砂型	20
砂型	12
スプルーブシュ	110
スライド	70
制御システム	48
成形型	68
成形研削盤	126
生産技術	50
旋削加工	122

タ

ダイ	54
ダイカスト型	38
ダイグループ	64
ダイス鋼	120
ダイカスト	78
ダイホルダ	66

たたき板金	26
たたら	56
試し加工	150
試し加工	32
多量生産	22
鍛造加工	72
鍛造型	38
断面図	106
鋳造品	18
突き出し棒	15
手加工	46
展開図	98
電装品	38
砥石	122
投影図	100
投影法	100
銅鐸	18
銅矛	18
特殊鋼	14
トランスファ加工	68
ドリル加工	122
抜き型	68
抜き勾配	58
ねじ切り加工	122
熱間鍛造	72
熱処理	120
ノックアウト	66
ノックアウトバー	66
ノックアウト棒	66

ハ

鋼	14

索引

ア

圧縮型	68
後工程	50
穴明けパンチ	54
粗加工	118
アレンジ図	98
アンコイラ	70
インサート成形	78
上型	66
エジェクタピン	15,74
エジェクタプレート	15
NC工作機械	30,88
円筒印章	18
エンドミル加工	122
温間鍛造	72

カ

加工工程	68
型	14
型鍛造	56
形彫り放電加工	128
金型	10
金型償却費	62
金型製作技術	22
金型製作者	50
金型製作費	62
金型設計	30
金型の保守技術	48
金型部品	50,118
金型メーカー	30

カム	58
ガラス型	38
機械加工	30
木型	12
CAD	92
CAD/CAM	92
キャビティ	74
CAM	92
クッション装置	66
組立図	30
研削加工	122
コア	74
合金工具鋼	86
工作機械	88
高精度	22
高速加工	22
高速度工具鋼	86
互換性	16
ゴム	80
ゴム型	38
コンピュータシステム	14

サ

サーボモータープレス	72
三角法	100
仕上げ	138
仕上げ加工	50
仕上げ作業	30
仕上げと組立	30
ジグ研削盤	126
下型	66
自動化	22

今日からモノ知りシリーズ
トコトンやさしい
金型の本

NDC 566.13

2007年3月30日　初版1刷発行
2018年3月30日　初版11刷発行

Ⓒ著者　　吉田弘美
発行者　　井水治博
発行所　　日刊工業新聞社
　　　　　東京都中央区日本橋小網町14-1
　　　　　(郵便番号103-8548)
　　　　　電話　編集部　03(5644)7490
　　　　　　　　販売部　03(5644)7410
　　　　　FAX　03(5644)7400
　　　　　振替口座　00190-2-186076
　　　　　URL http://pub.nikkan.co.jp/
　　　　　e-mail info@media.nikkan.co.jp
印刷・製本　新日本印刷（株）

●DESIGN STAFF
AD ──────── 志岐滋行
表紙イラスト ──── 黒崎　玄
本文イラスト ──── 輪島正裕
ブック・デザイン ── 大山陽子
　　　　　　　(志岐デザイン事務所)

【著者略歴】

吉田　弘美(よしだ・ひろみ)
1939年　東京生まれ
1966年　工学院大学機械工学科卒業。
1959年　松原工業株式会社入社。品質管理、金型設計、生産管理、生産技術などの職務を歴任。同社を退職後、株式会社アマダを経て、1979年に吉田技術士研究所を設立、現在に至る。

主な著書
「プレス金型の標準化」「金型加工技術」「金型のCAD/CAM」「よく分かる金型のできるまで」「プレス加工のトラブル対策」「金型設計基準マニュアル」「プレス金型設計・製作のトラブル対策」「絵ときプレス加工基礎のきそ」など多数。

●
落丁・乱丁本はお取り替えいたします。
2007 Printed in Japan
ISBN 978-4-526-05837-0 C3034

本書の無断複写は、著作権法上の例外を除き、禁じられています。

●定価はカバーに表示してあります

今日からモノ知りシリーズ

〈B&Tブックス〉各A5判／160頁／本体1400円

トコトンやさしい 触媒の本
触媒学会 編

トコトンやさしい 電気の本
谷腰欣司 著

トコトンやさしい 太陽電池の本
産業技術総合研究所太陽光発電研究センター 編著

トコトンやさしい コストダウンの本
岡田貞夫／田中勇次／信岡義邦 著

トコトンやさしい 電気回路の本
谷腰欣司 著

トコトンやさしい エネルギーの本
山崎耕造 著

トコトンやさしい プラズマディスプレイの本
（株）次世代PDP開発センター 編

トコトンやさしい 超音波の本
谷腰欣司 著

トコトンやさしい 洗浄の本
日本産業洗浄協議会洗浄技術委員会 編

トコトンやさしい プラズマの本
山崎耕造 著

トコトンやさしい めっきの本
榎本英彦 著

トコトンやさしい 燃焼学の本
久保田浪之介 著

トコトンやさしい 機械の本
朝比奈奎一／三田純義 著

トコトンやさしい プリント配線板の本
高木 清 著

トコトンやさしい 5Sの本
平野裕之／古谷 誠 著

トコトンやさしい トヨタ生産方式の本
トヨタ生産方式を考える会 編

トコトンやさしい 摩擦の本
角田和雄 著

トコトンやさしい 超微細加工の本
麻蒔立男 著

トコトンやさしい 熱処理の本
坂本 卓 著

〒103-8548
東京都中央区日本橋小網町14-1
編集部 ☎03(5644)7490
販売部 ☎03(5644)7410
FAX 03(5644)7400

日刊工業新聞社